Rudolf Doernach

Naturwerkstatt

Rudolf
Doernach

Natur-
werkstatt

Mit den Kreisläufen
der Natur leben und arbeiten

Entwürfe und Denkanstöße

Wolfgang Krüger Verlag

Fotos und Zeichnungen, wenn nicht anders vermerkt, von R. Doernach
Lektorat: Rudolf Brun
Typographie und Herstellung: Hans-Heinrich Ruta
Lithographie: Industriedienst Reproduktion, Wiesbaden
Satz: Fotosatz Otto Gutfreund, Darmstadt
Druck und Verarbeitung: Georg Appl, Wemding
Printed in Germany, 1985
ISBN 3-8105-0421-1

Erst die Gefahr macht Erfahrung.
Eine total übersicherte Gesellschaft wird
gefährlich erfahrungslos.

Nur die leere Hand kann schöpfen.
Volle Bäuche machen unkreativ.
Hugo Kükelhaus

Die Naturverhunzung arbeitet »en gros«,
der Naturschutz »en detail«.
Hermann Löns (1911)

Die Revolutionäre unserer Zeit
sind die Evolutionäre des Lebendigen.
Rudolf Doernach

Der Autor

Rudolf Doernach, geb. 1929 in Stuttgart; Studium der Architektur in Deutschland und in den USA. Partner von Buckminster Fuller, Dozent an mehreren in- und ausländischen Universitäten. Heute Bauer und Biotekt in Wildberg/Schwarzwald. Forschung für Biohäuser, Biodörfer und städtische Pflanzenbauten (»Ur-Lauben«). Mitautor des Fischer Taschenbuches: Biohaus für Dorf und Stadt, 1981 (Band 4055). Zusammen mit Gerhard Heid: Naturhaus, Krüger Verlag, Frankfurt 1982.

Inhalt

Einstimmung: Natur als Werkstatt 7

Biologie und Technik: Bionik

Einstieg durch Bionik 12
Baubionik: Spinnennetz und Seildach 13
Vorläufer bio-logischer Bauweisen 15
Stabwerke und Fachwerke 16
Zugfeste Häute 18

Natur aus Sonne: Alles ist Kreislauf

Alles ist Kreislauf 22
Prinzipien der Bewahrung 23
Alles Gute kommt von Bäumen 23
Kreisläufe groß und klein 24
Wie Kreisläufe selbst Energie werden 25
Die Öko-Katastrophe: Leben *ohne* Kreislauf 25
Jeder Lebensform die eigene Temperatur 26
Sonnenlauf und Lebenslauf 28
Der Sonne nach 29
Sonne und Natur treffen sich in Biotektur 33

Natur als Werkstatt: Eigenarbeit mit Lebend-Werkzeugen

Sonnenenergie als Lebend-Werkzeug 36
Die Arbeit der vier Kreisläufe 38
Kreisläufe, die speichern 39
Speicher als Werkzeug 40
Luft als Werkzeug 43
Erde und Humus als Werkzeug 44
Wasser als Werkzeug 46
Pflanzen als Werkzeug 48
Entsorgung und Gärung als Werkzeug 50
Naturwerkstätten aus Naturwerkstoffen 51
Beispiele von Naturwerkzeugen 54
Im Gewächshaus kann es beginnen 58
Prüfliste für eine Naturwerkstatt 59

Biovisionen: Natur als Hauswerk

Natur war schon einmal Hauswerk 62
Baumhäuser 63
Erdhäuser, Höhlenhäuser 66
Biomeilerhäuser 68
Maulwurfshäuser 69
Naturwerkstatt in Österreich 70
Wasserrosenhaus 72
Wildhäuser 74
Mini-Biodom 77
Arche Bioville 78
Pflanzenkirchen 80
Grünräume für Kinder 82
Grüne Wege 84
Die hängenden Gärten des Jedermann 86
Stadtlauben 88
Von der Naturwerkstatt zur Naturwerkstadt 92
Leben wie die Fische 94

Für Ina, Ilja, Monika, Teddy, Gerd + Rosi, Hans, Dieter, Rudolf, Bengt, Lutz, Christina, Horst, Klaus, Tina, Rüdiger, Bill, Michael, Martin, Rainer, Theo, Pius, Bernd und Gecki, Hubert... die – jede(r) auf eigene Art zu diesem praktischen *Biosophie-Spielbuch* beigetragen haben.

Allen Pflanzenfreunden zum Gruß:
Rudolf Doernach

Wildberg, im Herbst 1984

Pete Wachsman
Railroad 45
Helidon 4344 Australia
August 1984

Lieber Rudolf
Ich war sehr gerührt, weil Du mir die bestellten Bücher auf gut Treu um die halbe Welt geschickt hast. Das belebt meinen Glauben an gute Menschen.

Deine Bücher sind große Klasse... Es ist wirklich anregend, wenigstens auf Bildern lebendige Biotektur zu sehen.

Ich selbst experimentiere auch die ganze Zeit mit Biotektur. An einem Steilhang bei meinem Haus, der an einen wilden Bach grenzt, habe ich gegen Erosion Kikuya-Gras und Flechtweiden als Lebendbau gepflanzt.

Am Haus selbst wächst immer Bohnenspalier, Kürbisse ranken vom Dach.

Hinter dem Haus habe ich einen kleinen Bio-Raum aus Weinreben, mit Keramikboden und Hängematte.

An Weihnachten kaufe ich frisch geschnittene Pappelstangen, um mein nächstes Haus zu pflanzen.

Das erste Stockwerk schaffe ich in einer Saison. In den folgenden Jahren wächst dann das zweite und dritte Stockwerk – entsprechend meinem Raumbedarf.

Die gepflanzten Stämme werde ich kreuzweise als Fachwerk pfropfen. Das größte Problem scheint mir die Bewegung zwischen dem lebenden Fachwerk, aber ich gehe damit jetzt einfach an die Arbeit.

Für immer dankbar
Pete Wachsman

Einstimmung: Natur als Werkstatt

Mit irrationalem Teilwissen profilieren sich heute wissenschaftliche Zauberlehrlinge gegen die Natur und damit auch gegen die Menschen. Ihre Technik entlockt der Natur Leistungen mit vordergründigen Überlebensvorteilen. Aber das Fragwürdige an dieser Wissenschaft ist, daß sie nur kurzfristig vorteilhaft ist, längerfristig jedoch meist schadet.

Im Zeitalter weltweiten Natursterbens werden immer noch Wissenschaftler ausgebildet, die mit fragmentierten Erkenntnissen in diese falsche Richtung weisen.

Alle Techniken der arbeitsteiligen Wissenschaft wirken schadhaft, wenn sie die Bereitschaft (»Willenschaft«) des *Einzelnen* zum ganzheitlichen Leben *mit* der Natur nicht fördern.

Leben *mit* der Natur heißt nicht die Zyklen des Naturgeschehens wegzumanipulieren, z. B. mit thermostatisch geregelter Heizung, sondern sich *selbst* anpassungsfähig zu halten. Humanbiologisch kann der Mensch nur in Mangelsituationen überleben. Überfluß zerstört ihn und letztlich auch seine Lebensbasis, die Pflanzen und Tiere.

Deswegen müssen wir heute kurzfristig nützliche Bio-Techniken mit den langfristigen Naturabläufen harmonisieren. Technik und Natur müssen zu naturorientierten Techniken verschmelzen.

Zwei seither konträre Einstellungen aus Biologie und Technik verbünden sich heute zu Naturtechnik – Biotechnik – Bionik und befruchten sich dabei gegenseitig: Harte Technik verbindet sich mit der weichen Biologie.

Nur so kann sich langsam wieder ein Fließgleichgewicht der Evolution zwischen Natur, Pflanze, Tier und Mensch einstellen. Die heutige Dominanz durch die vor allem von Männern bestimmte Technik wird durch mehr weiblich-ganzheitliche Gefühlswelten ergänzt. Das Waldsterben ist auch ein Produkt männlich-analytisch-zerteilender Denkweisen. Doch Frauen nehmen daran auch teil, das heißt, sanftes Wissen und Handeln lassen sich nur im Zusammenwirken von »Männlichem« und »Fraulichem« erreichen.

Aus einem mittelalterlichen Kalender: Zerstörerische Zivilisation von heute hat ihre Vorläufer.

Natur und Technik – Bionik: Die Bionik ist baugeschichtlich eine Vorläuferin der Biotektur: In der Bionik werden Strukturen nur aus der Natur übersetzt und auf Bauten übertragen. Letztlich sind es aber doch noch tote Konstruktionen, weil sie nicht aus der Natur *selbst* heraus gewachsen sind.

Biotektursysteme hingegen beruhen auf den Kreisläufen der *lebendigen* Natur, die wie Werkzeuge wirken und sich so zu Naturwerken weiterentwikkeln. Naturgeschehen und Naturstrukturen vorteilhaft zu nutzen, muß also in Zukunft nicht nur Menschen dienlich sein.

Spinnen-Netze zu mikroskopieren, um dann daraus große Dächer für Fußballstadien zu entwikkeln, genügt nicht. Baubionik muß in Zukunft auch darauf achten, ob die Herstellungsverfahren ökologisch »sauber« sind, ob bei der Herstellung nicht auch Pflanzen und Tiere geschädigt werden.

Noch mehr: Baubionische Strukturen, Häuser

und gar Städte müssen *selbst* auch Platz für Natur, Sonne, Pflanzen und Tiere bieten, also Lebensort (»Biotop«) für *alle* Partner im Kreislauf des Lebendigen.

In einer ersten Entwicklungsphase können deshalb herkömmliche Bauten, Siedlungen und Städte »Unterkonstruktionen« für Natur sein, mit grünen Dächern, fruchtenden Fassaden, Pilzkellern und Dachgewächshäusern als »Arche Bio«.

Viele Oberflächen unserer Städte von heute können mögliche Pflanzflächen werden. Dann blühen in wenigen Jahren hängende Gärten über früher lärmreichen Straßen. Die Autonarren haben ihr kleines Paradies *zuhause* wiedergewonnen, müssen nicht mehr als »Urlauber« vor ihrer Technik flüchten. Die ganze Stadt *selbst* wird Ur-Laube.

Natur aus Sonne: Alles ist Kreislauf. Alles entsteht und vergeht, einer ist Lebensgrundlage des anderen. Was Menschen ausatmen (CO_2), ist Baustoff für Pflanzen. Was Pflanzen ausatmen, ist Sauerstoff für Menschen, Heizungen und Autos.

Um aus Reststoffen des einen Nutzstoffe für den anderen zu machen, müssen Kreisläufe sich schließen, aber gleichzeitig optimal sich der Sonne öffnen, es muß also *lokal* zu Selbstversorgung kommen. Wenn Fremdenergie in eine lokale Partnerschaft des Lebendigen gepumpt wird, wird immer ein stabiler Kreislauf gestört.

Sonnenlauf bestimmt seit Jahrmillionen Tageslauf, Jahreslauf und Lebenslauf aller Lebenspartner. Ihre Fähigkeit, *zusammenwirkend* Sonnenenergie, Windenergie, Pflanzenenergie zu speichern und zu konservieren, bestimmt die Gesamtenergie des Kreislaufs.

Doch diese beträgt mehr als die Summe der Einzelenergien. Das Ganze vermittelt dadurch »Informationsgesetze« des Zusammenlebens (»Synergetik«: $1 + 1 > 2$ [größer als zwei]).

Dieses Lebewesen Erde (»GAIA«) hat eine Vielfalt entwickelt, die *jeder* Über-Lebensform und jeder Arbeit die *eigene* Temperatur zuweist. Die kleinen und die großen Kreisläufe von Energie und Stoffen mit ihren gezeitenartigen Schwankungen sind der Antrieb von Evolution. Der Mensch kann sich in diesen Kreislauf als Helfer einschalten, er kann ihn offensichtlich nicht ohne Schadwirkung beherrschen. Mütterchen »GAIA« ist immer klüger, Die Teilheit Mensch kann ihrer Ganzheit nur helfen.

Im »Parlament der Natur« haben Pflanzen immer Majorität. Eine »überparteiliche Partei« der »Weisen« vertritt im Naturparlament diese Majorität der Pflanzen.

Natur als Werkstatt: Eigenarbeit mit Lebendwerkzeugen: Sonne und Mond sind die Urwerkzeuge des Lebens. Die Sonne belebt direkt oder indirekt alle Pflanzen. Pflanzen sind vielfältig *selbst* wachsende Sonnenkollektoren. Im Leben der Pflanzen treffen sich Sonne und Natur und werden Biotektur, zur lebenden Architektur der Pflanzen, zur verlorenen Baumheimat des Menschen, seiner Ur-Laube, die ihn während seiner ganzen Evolution geschützt, ernährt und entsorgt hat.

Das chemische »System der Elemente« beschreibt Einzelheiten der Natur, nicht jedoch kreisläufige *Gesamtheiten.* Deswegen entwickelt dieses Mitmachbuch Ansätze eines kooperativen »biologischen Systems der Elemente« aus Einzelheiten *und* Gesamtheiten:

- Aus Naturabläufen entstehen Naturwerkzeuge
- Aus Naturwerkzeugen entstehen Naturwerkstätten.
- Aus Naturwerkstätten wachsen schließlich Naturwerk-Städte: Natur als Heimat.

Unsere Industrie-Zivilisation ist vor allem ein Ergebnis von toten Werkzeugen. Ob Hammer, ob Atomkraftwerk, immer greifen sie mit Gewalt in die Naturkreisläufe ein.

Die Ingenieure fragen sich nicht: »Wie kann ich einen Naturkreislauf selbst *optimal* nutzen?«, sondern: »Wie kann ich Natur profit-*maximal* beherrschen?«

Erst wenn wir *wieder* gelernt haben, Tot-Werkzeug im Zusammenspiel mit Lebendwerkzeug wirken zu lassen, wird das Ökologie-Problem von der Wurzel (lat: radix) her, also radikal, lösbar.

In kleinen und großen Naturwerkstätten gibt es viel Natur, wenig Technik. Luft, Erde, Humus,

Wasser, Pflanzen und Gärung werden durch die Mitarbeit von Menschen *selbst* zu Werkzeugen, arbeiten *so* einander zu. Ein Werkzeug macht das andere, eines nutzt dem anderen gleich vielfach, keines hat nur eine Funktion, sondern immer viele, so beispielsweise die Pflanzen mit ihren 22 Grundleistungen (s. Seite 32).

Biovisionen: Natur als Hauswerk. Die Amerikaner »machen« arbeitsteilig Weizen, die Japaner Autos, die Koreaner Schiffe. Was bleibt für Europa zwischen sterbenden Wäldern?

Den Europäern bleibt immer noch die Bio-Vision von einer lebensfreundlichen Umwelt und Inwelt. Millionen von arbeitslosen Europäern können sich dieser schönsten und hoffnungsvollsten Aufgabe widmen.

»Träume sind höchst politische Realität« (C. G. Jung). *Nichts* ist realer als der Traum vom *Paradies*, von Heimat. Da wo der Mensch herkommt, will er auch wieder hin. Die harte Maschinengesellschaft war eine Irrfahrt ins Leblose der Automation: »Die Hölle, das ist ein automatisiertes Paradies, in dem keiner arbeiten darf.«

Wir alle werden viel Arbeitsfreizeit bekommen. Die Zeit für viele lustige Naturspiele ist da. Schon gibt es Schulen, die Pflanzenhäuser und Sonnenhäuser wachsen lassen, um den verkrampften Älteren zu zeigen »wo's lang geht«.

Das Spiel ist eröffnet. Jeder kann auf *seine* Art, mit *seinen* Mitteln Mitspieler sein. Wir brauchen dazu kaum elektronische Netzwerke mit Flimmerschirmen. Unser Bildschirm ist in uns *selbst*, »unserer [illegible]« Inwelt. Unsere *eigenen* Sehnsüchte sind Projektor für lebendige Umwelt

Schon wachsen wieder die ersten Baumhäuser, Erdhäuser, Biodome, Pflanzenkirchen, hängenden Gärten und Stadtlauben für Pflanzenmenschen. Bald werden sogar biotektonische Inseln aus Sonne, Wasser und Luft auf den sieben Weltmeeren wachsen, während zu Land und im Weltraum Roboterkriege geplant werden.

»Adam und Eva«, so heißt die »Stadtlaube« in Freiburg. Sie ist zu einem offenen Begegnungsort von Pflanzen, Tieren und Menschen geworden, eine »Bioversität« für *aktiven* Naturschutz durch Selbstversorgung. Ein Naturwerk zum Anfassen und Mitmachen; stets unfertig, bereit für das nächste Arbeitsspiel.

Viele weitere »Dörfer in der Stadt« sind im Entstehen. Sie zeigen, wie sich mit dem Urwerkzeug Sonne kooperative Naturwerkzeuge organisch und bio-logisch zu einer Naturwerkstatt verbünden und wie schließlich aus einer Vielfalt von verschiedenen Naturwerkstätten auch Naturwerk-Städte wachsen: Naturheimat.

Biologie und Technik: Bionik

Einstieg durch Bionik ● Baubionik: Spinnennetz und Seildach ● Vorläufer bio-logischer Bauweisen ● Stabwerke und Fachwerke ● Zugfeste Häute

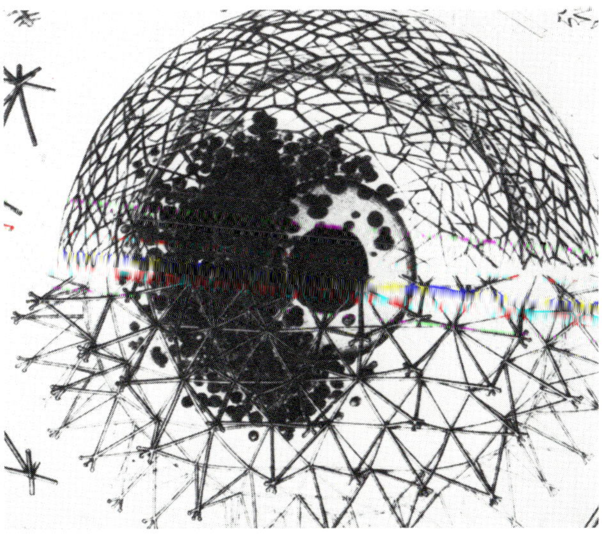

Ein kleines Meerestier (Radolarium) ist Vorbild für den Bau einer großen Fachwerkhalle.

Einstieg durch Bionik

Um 1950 entstanden wichtige Einsichten in die Funktionsprinzipien von Wachstum, Form, Material- und Energieverbrauch von natürlichen Systemen: sie sind nämlich alle – ganzheitlich gerechnet – wirtschaftlicher, umweltschonender und sparsamer als rein künstliche, technische Systeme.

Schon 1956 brachten die ersten einfachen Anwendungen von Natursystemen mindestens 10-fache Materialeinsparungen im Vergleich zu damals üblichen Ingenieurbauten. Darüber hinaus zeigte sich, daß solche »Naturbauten« durch ihre doppelt gekrümmte Form auch wesentlich weniger Heiz- und Kühlkosten brauchen.

Ihr Verhältnis von Oberfläche zu Inhalt ist günstiger als bei kubischen Bauten. Deswegen baut die Natur immer rund. Bäuerliche Bauweisen nutzen seit eh und je in vielen Ländern solche Naturbauprinzipien.

Bauen nach dem Vor-bild der Natur (nicht gegen sie) brachte auch zugleich ökologische Vorteile: Weniger Rohstoffe mußten ausgebeutet werden. Die einmal verwendeten Baustoffe bleiben rückschleusbar (regenerabel). Aber *noch* waren eben solche Bauten nicht *selbst* bio-produktiv oder gar selbstwachsend wie Bäume.

In diesen Jahren beherrschen deswegen Mischformen zwischen Architektur, Bionik und Biotektur das Feld. Kuppelförmige Bauten werden in Zukunft eher durch eiförmige Strukturen in den Vordergrund treten, weil sie durch stärkere Krümmung tragfähiger für relativ schweren Bewuchs mit z. B. Grasdächern sind.

Wie bei allen neuen Techniken ist auch bei der Baubionik Vorsicht wegen möglicher Schadwirkungen geboten. Mögliche Nebenwirkungen sollten deshalb gleich von vornherein ins Auge gefaßt und parallel zur Entwicklung erforscht werden.

Beispielsweise kann der derzeitige Trend zu Energie-Einsparungen humanbiologisch durchaus recht gefährlich werden durch z. B. zu dichte, zu perfekte Systeme, die dann Sauerstoffmangel bewirken können, oder durch psychisches Unwohlsein und Verwöhnung in verglasten Strukturen.

Jedenfalls ist es Aufgabe einer neuen Forschungsethik, solchen und anderen möglichen Schäden vorzubeugen. Nicht *jede* Innovation, die Umsätze erweitert und Arbeitsplätze sichert, ist von sich aus deswegen schon gut.

Es ist eben beispielsweise sinnvoller, durch gesunde Ernährung und harmonische Bewegung Gelenke ablagerungsfrei zu halten, als schon an jungen Menschen »bionische Gelenke« zu montieren, die nur fünf Jahre halten.

Statt frankensteinischer Biotechnik solcher Art scheint es sinnvoller, *wirklich* biologische Prinzipien zu erkennen, z. B. der Schädlichkeit von sitzender Bildschirmarbeit durch genügend viel Bewegungsarbeit entgegenzutreten.

»Das Schlechte an heutiger Wissenschaft ist, daß sie zu gut ist.« (*C. F. v. Weizsäcker*)

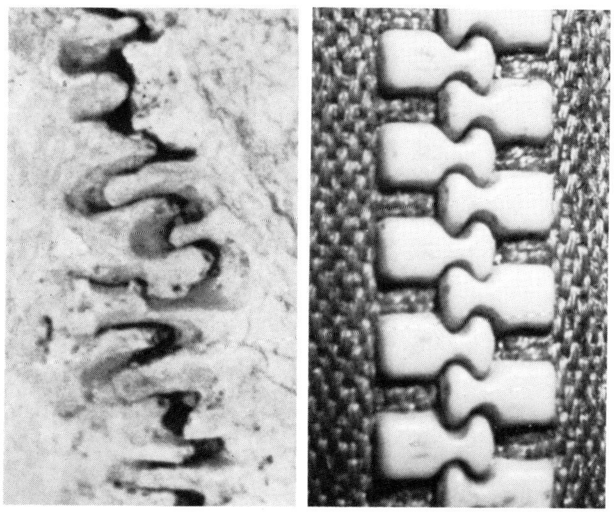

Techniker haben oft unbewußt Problemlösungen der Natur nachgebaut, aber auch weiterentwickelt. Der knöcherne »Reißverschluß« unserer Gehirnschale leistet die notwendige Flexibilität und Anpassung an Temperaturschwankungen. Beim technischen Reißverschluß wird dieses Prinzip erweitert. Der Temperaturhaushalt wird durch Öffnen bzw. Schließen regelbar.

Baubionik: Spinnennetz und Seildach

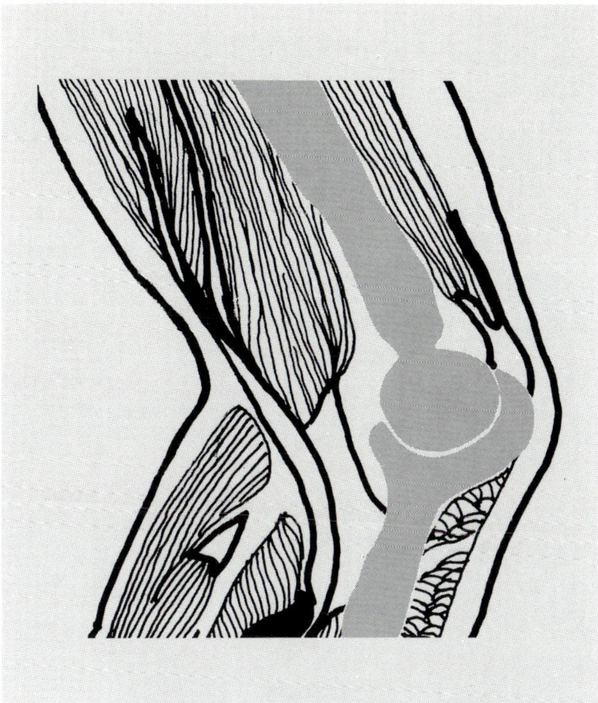

Der menschliche Ellbogen kann sich nur knapp 180 Grad, das technische Kugellager dagegen um 360 Grad drehen.

Während sich Professoren und Studenten an den Universitäten mit der Frage quälen, ob nun zuerst das Ei oder das Huhn existierte, in diesem Fall: ob zuerst die Spinne oder das Netz, stellt sich für Biotekten eine Menge *ganz anderer* Fragen. *Wie* eine Struktur entsteht, erscheint viel wichtiger. Nur so kommt man zur Einsicht, was sie bioproduktiv leistet.

Die Spinne macht ihr Seilnetz aus sich selbst heraus und kann es sich als wiederverwendbaren Baustoff auch wieder einverleiben, Seilnetze werden hingegen in ökologisch und humanbiologisch fragwürdigen Verfahren hergestellt. Was leistet ein

Vorbild für die Bionik: Ein Spinnennetz

Das angewandte Spinnennetz: Ein Seildach in Schweden

technisches Seilnetzdach biologisch, außer daß es wegrostet und als Totbau in einer Fußballarena Sitzlinge überspannt, die sich besser *selbst* bewegen sollten? Biotekten entwickeln zur Zeit *lebende* Seilnetzdächer mit kleinen Spannweiten. Die Natur bietet dafür eine große Anzahl von lianenförmig wachsenden hochzugfesten Pflanzen, z. B. die Waldrebe.

Der Mensch kann sich bio-logisch in das Wachstum solcher Pflanzen einschalten und lernen, *lebende* Dächer zu flechten und diese auch regendicht überwachsen zu lassen – möglichst wieder mit Pflanzen.

Mit Baubionik sind nützliche Mischformen von Naturbau möglich. Rundum produktiv, ökologisch und humanbiologisch besser ist aber in Zukunft sicher reiner Naturbau – Lebendbau: Biotektur.

Vorläufer bio-logischer Bauweisen

In den frühen sechziger Jahren wurden »Häuser aus einem Guß« entwickelt, die sich als zimmergroße Einheiten zu einer Wohnung mit einer Vielfalt von Grundrissen zusammenfügen ließen.

Werden solche »Zellen« in ein Fachwerk gesetzt, so entstehen »Schubladenbauweisen«, mit denen lautlos erneuerungsfähiger Stadtbau möglich ist.

Denkt man diese Entwicklung weiter, so ist zukünftig möglich, daß *lebende* Pflanzenhäuser vorgewachsen (präkultiviert) und dann an ihren Bestimmungsort transportiert werden. Wie Vögel Efeufassaden säen, so können Menschen sich auch ganze Häuser wachsen lassen.

Auf landwirtschaftlich weniger hochwertigen Flächen werden »Hausplantagen« entstehen, indem z. B. zehn Meter lange Efeustränge für Hausbegrünung präkultiviert oder schließlich auch ganze Hausteile von Biotektur-Gärtnern gezogen werden.

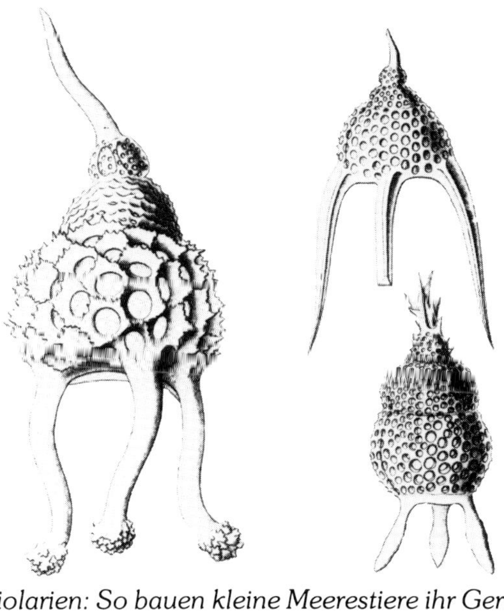

Radiolarien: So bauen kleine Meerestiere ihr Gerüst um anfänglich kleine, blasenförmige Eiweißkügelchen und stabilisieren sich so gegen Umwelteinflüsse.

Das erscheint nur auf den ersten Blick abwegig, weil eben manche Zeitgenossen sich das nicht vorstellen können und warten wollen, bis ein Pflanzenhaus ausgewachsen ist. Wer heute ein Holzhaus oder auch nur ein Steinhaus mit Holzdach baut, profitiert von der Baumplantage, die unsere Vorfahren vor 100 Jahren gepflanzt haben.

Die Bilder zeigen eine Serie von Schalen und Hüllen aus armierten, organischen Stoffen, die sich auch als wiederverwendbare »Schalungen« für *darüber* wachsende Biotektur eignen – also mehrfach genutzt werden können.

Oben: Bepflanzbares Schwimmhaus »Biodom« Diese Struktur besteht zu über 90 % aus dem billigen Baustoff Luft, ist bepflanzbar und kann sich wie das Blatt einer Pflanze auf einem kleinen Energiespeicherteich nach der Sonne drehen.

Unten: Pilzhalle: Pilzen ähnlich fügt sich hier eine Struktur aus organischem Harz mit eingelagerten Glasfibern zu einem Dach.

Stabwerke und Fachwerke

Natursysteme wachsen ursprünglich aus wassergefüllten oder ölgefüllten (»hydraulischen«) *weichen* Zellen, zwischen denen sich dann stabförmige Verstärkungen einlagern. Bei Pflanzen übernimmt diese Verstärkung der Kohlenstoff (Lignin), bei Wassertieren sind das Silikate, während bei Menschenknochen vorwiegend Kalzium das »Fachwerk« bildet. Für naturähnliche, aber technisch hergestellte Stabwerke sind bei kleineren Spannweiten das Dreibein, Vierbein und Kubus angemessene Strukturen. Wir treffen sie deshalb vom nomadischen Zelt bis zum Fachwerkhaus in vielen Kombinationen.

Bei größeren Spannweiten sind Tonnengewölbe, Kuppelgewölbe, Hyperboloide und Paraboloide tragfähiger. Alle möglichen Stabwerke – Fachwerke können *auch* durch Pflanzenwuchs erreicht werden, mindestens aber pflanzlich übergrünt oder ausgefacht werden.

Die Entwicklung solcher Kombinationen ist voll in Gang, breite Anwendungen werden sich aber erst noch durchsetzen müssen.

Alle hier gezeigten röhrenförmigen Bauteile können auch innerlich – wie Knochenmark – mit Erde gefüllt, also Pflanzträger sein, z. B. durch Perforierung.

Raumfachwerke aus wiederverwendbaren Stoffen: Holz, Aluminium, Stahl, Polyäthylen. Im Vergleich zu anderen Strukturen brauchen solche Bionik-Bauweisen weniger als die Hälfte an Baumaterial und Heiz- bzw. Kühlkosten. Die freie Spannweite ermöglicht innen beliebige Grundrisse und Nutzung, auch im Selbstbau. Nach neueren biotektonischen Erkenntnissen sind solche »Vorläufer« heute überholt.

Zugfeste Häute

In der Natur kommen bei lebenden Konstruktionen Häute und Membranen vor. Beide bestehen aus zugfesten (unsteifen) Geweben, die oft beutelartige Behälter bilden. Haut umfaßt in der Regel einen ganzen Organismus, eine Membrane hingegen grenzt ein inneres Organ vom anderen ab, z. B. die Blase.

Technische, zugfeste Hüllen, wie Gewächshäuser lassen sich mit beschichteten Geweben herstellen, die dann nur von wenigen Druckstäben getragen werden. Solche leichten Hüllen sind jedoch sehr anfällig gegen ultraviolette Strahlung.

Es gibt zwei Möglichkeiten solche Häute zu schützen: Einmal durch schwere Grasdächer, die aber statische Probleme der Dauerstandfestigkeit bringen, oder durch bodenschlüssigen Bewuchs von unten nach oben. Solcher Bewuchs bringt kaum Belastung der Konstruktion und ist gärtnerisch weit sicherer.

Die voll-biologische Herstellung von dichten Häuten ist noch weitgehend unerforscht. Bekannt ist, daß Chinesen in ihren Fischteichen seit langem mit Schweinemist und dessen Klein-Leben relativ dicht »Naturfolien« auf Lehm wachsen lassen.

Hallenbau für beliebige Nutzung aus transparent beschichtetem Gewebe. Die Haut wird durch Druckstäbe von unten her aufgebeult – und damit stabilisiert und gestützt. Der Rand der Halle ist ebenfalls mit Druckstäben über Randseile abgesegelt.

Natur aus Sonne: Alles ist Kreislauf

Alles ist Kreislauf ● Prinzipien der Bewahrung ● Alles Gute kommt von Bäumen ● Kreisläufe groß und klein ● Wie Kreisläufe selbst Energie werden ● Die Öko-Katastrophe: Leben *ohne* Kreislauf ● Jeder Lebensform die eigene Temperatur ● Sonnenlauf und Lebenslauf ● Der Sonne nach ● Sonne und Natur treffen sich in Biotektur

Alles ist Kreislauf

Der Industrialismus forciert selbstmörderisch die Unterbrechung natürlicher Kreisläufe, er macht Un-Welt aus Um-Welt. Wenn Flüsse begradigt werden, läuft das Wasser schneller, die Grundwasserspiegel sinken ab: *viele* lokale Kreisläufe werden zerstört oder gestört. Schließlich muß Trinkwasser mit Fremdenergie von weither gepumpt werden. Biologisch tot kommt es am Bestimmungsort an und da, wo es herkommt, entsteht ein Zweitschaden, der wiederum einen Dritt-, Viert- und Fünftschaden auslöst. Ein Loch der industriellen »Arche Titanic« produziert immer weitere.

Qualitätsloses Schadwachstum muß steigen, damit politisch frisierte Bilanzen »stimmen«. Dieselbe Erscheinung treffen wir in allen Großsystemen. Ein Systemzwang ruft den andern hervor, ein Klein-Kreislauf nach dem anderen wird unterbrochen.

Alles ist Kreislauf, nichts ist überflüssig. Auch Wespe, Igel und Blattlaus sind unentbehrliche Gäste des Gesamtsystems Natur. Wenn auch nur ein unscheinbares Glied in der Kette fehlt, ein anderes wird davon sicher auch betroffen und schon wird der *ganze* Kreislauf unharmonisch.

Tiere und Menschen haben zur Wahrnehmung ihrer Umwelt **und** Inwelt ein kommunizierendes System der Sinne entwickelt, das die Vielfalt ihrer Organe integriert. Wenn wir lebensfreundlich arbeiten, sehen nicht nur unsere Augen, sondern auch die Haut. Wir hören dann nicht nur mit den Ohren, sondern mit dem ganzen Körper. Wir riechen dann nicht nur mit der Nase, sondern lassen die andere Sensorik mitschwingen. Das ist **volles** Leben.

Nicht gebrochenes Spiel *aller* Sinne, ihre Zusammenwirkung, das nennen wir Glück. Glück beginnt, wenn alles Kreislauf wird, wenn wir wahrnehmen, daß wir mit *allem* verbunden sind, daß wir Menschen, Pflanzen und Tieren begegnen und mit ihnen reden können.

Wenn wir diesen Kreislauf im Biohaus unserer Gefühle und Kenntnisse sehen-hören-riechen-fühlen verstehen, dann sind wir *selbst* ein Glück von ihm, also vom allgegenwärtigen »lieben Gott«.

So vielfach ist das. Alles hängt mit allem zusammen, aber wir sind nicht als Gefangene »vernetzt«. Wer »ver-netzte Systeme« predigt, bewirkt Angst vor Unfreiheit. In der Autonomie *und* im Zusammenwirken findet jeder Lebenspartner seine Freiheit.

Wir wissen wohl heute, warum es den Menschen gibt, aber noch nicht, wie er sich in den Kreisläufen des Lebendigen immer weiterentwickeln soll. Einige Grundsätze aus der Anthroposophie zeigen den Weg in Richtung Biosophie, den schon viele heute suchen, jede(r) auf eigene Weise, an *seinem, ihrem* Standort.

Prinzipien der Bewahrung

Leben ist Energie-Konservierung

Atom

Hüllen von rotierend bewahrter Energie

Baum

Wärme-kreislauf unter dem Blätterdach

Mensch

Wärme-Bewahrung unter der Kleidung

Haus

Wärme-Kreislauf im Haus

Alles Gute kommt von Bäumen

Sauerstoff und Humus

Früchte

Sauberes Wasser

Gespeicherte Bio-Energie

Kreisläufe groß und klein

Kreislaufprinzipien der bio-logischen Landwirtschaft und Bauwirtschaft.

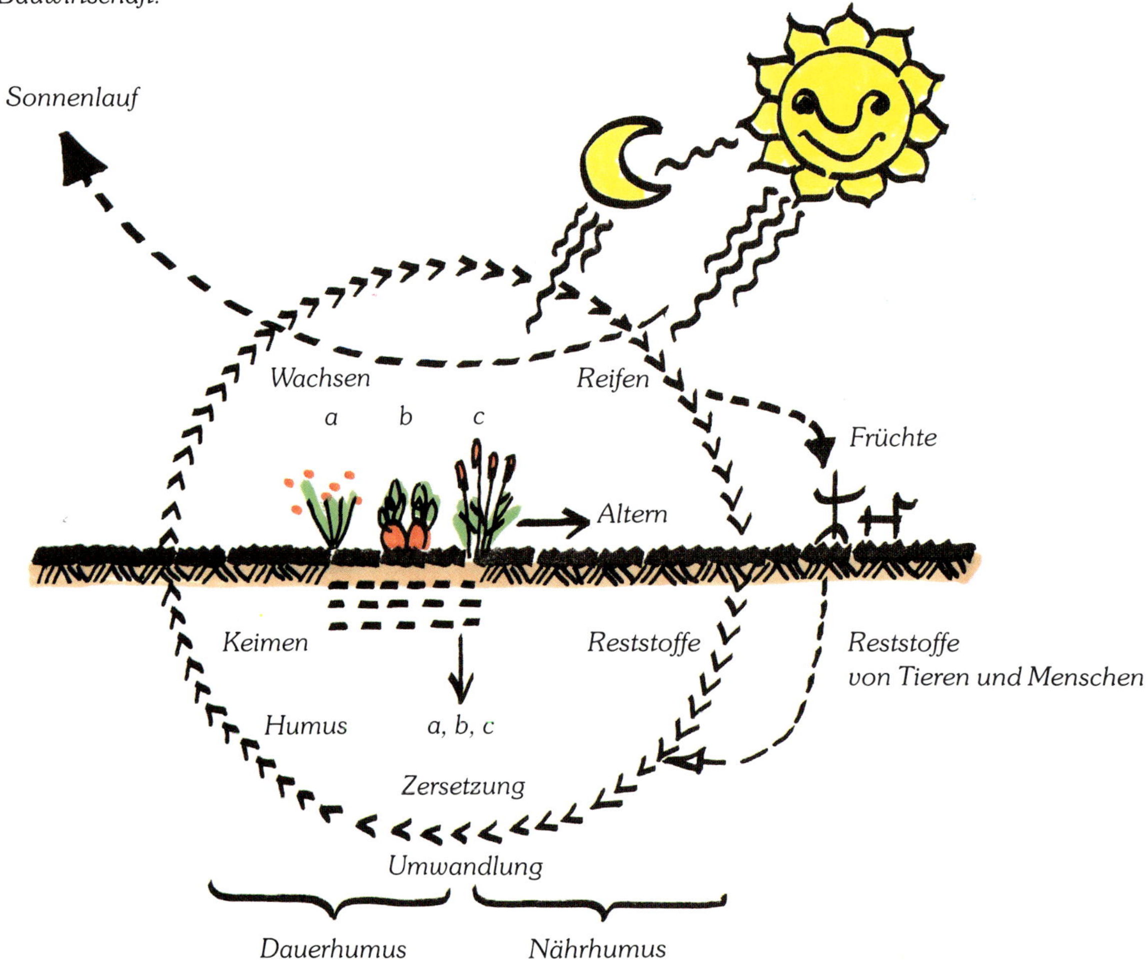

Prinzipien:

1. *Geschlossener Kreislauf, offen zur Sonne*
2. *Ganzjährige Bodendeckung als Klimamantel*
3. *Ungestörte vertikale Bodenschichtung a, b, c... für Schichtfolgen von aerobem und anaerobem Kleinleben.*
4. *Polykultur in rhythmischem Wechsel. a, b, c... saisonaler, jährlicher, pflanzlicher, faunischer Wechsel.*

Wie Kreisläufe selbst Energie werden

Die Sonne und ihr Reflektor namens Mond, der jede Nacht die Weltmeere um 4 m hebt, belebt die Kreisläufe des Lebendigen: Wasser, Erde, Pflanze, Tier und Mensch.

Wenn die Kreisläufe von der Sonne, Schwerkraft und Drehkraft der Erde gut zusammenarbeiten, entsteht überall eine harmonisierte Lebensgemeinschaft: Jeder ist »Werkzeug« für den anderen. Reststoffe des einen werden Rohstoffe für den anderen. An Kräften des Einen formiert sich der Andere.

Energie-Kaskade: Die sich aufwärts bewegende Leistung bringt die Sonne. Die sich abwärts bewegende Entsorgung bewirkt die Schwerkraft.

Die Öko-Katastrophe: Leben ohne Kreislauf

Der Mensch ist biologisch gesehen eine Frühgeburt und bleibt sein Leben lang sehr schutzbedürftig. Darin liegt eine Ursache für seinen schnellen Griff zur harten Technik. Der Industriemensch kann offensichtlich nicht warten, bis ihm natürlicher Schutz wächst. So schützt er sich heute bis zu 90 % mit toter Technik und nur zu etwa 10 % mit Pflanzen.

Historisch suchte der Mensch Schutz vor Umwelteinflüssen wohl zuerst unter Pflanzen, danach auch unter Kleidung und Zelten. Später wurde er auch Höhlenbenutzer und entwickelte daraus die heutige Architektur als »ausgestülpte Höhle«.

Aus leichten, *lebenden* Schutzsystemen der Pflanzen-Biotektur wurde unbewegliche, unproduktive Architektur, die heute – in riesigen Ballungen – ihre eigenen Lebensgrundlagen zerstört.

Über 70 % aller Schutzleistungen vor Umwelteinflüssen werden heute *abwehrend* dem Haus zugewiesen, nur noch etwa 20 % der Kleidung, nicht einmal 10 % den Pflanzen: Die große »Umkehrung« ist zum Schaden alles Lebendigen vollzogen. Die meisten Menschen leben heute in »versteinerten Häusern«.

Heilung an der Wurzel – auch in der Stadt – ist prinzipiell nur denkbar, wenn wieder möglichst viel Schutzleistung von Pflanzen *und* Kleidung übernommen wird.

Das zukünftige und zugleich uralte Ideal: Pflanzenhäuser und Thermokleidung. Wege dahin sollen die vorliegenden Forschungsansätze behutsam und schrittweise aufzeigen.

Die Werte in der Zeichnung auf Seite 27 beruhen auf eigenen Erfahrungswerten. Sie geben subjektive Schätzungstrends des Autors wieder und bedürfen weiterer Diskussion und wissenschaftlicher Vertiefung.

Dem Schlaf und »musischen« Tätigkeiten haben wir auf Seite 27 etwa 70 % der gesamten Lebenstätigkeit zugeordnet. Dieser »Isolierbedarf« wird vor allem durch Haus, Heizung und Textilien gedeckt.

Allein aus gesundheitlichen Gründen sollten die restlichen 30 % der biologisch unentbehrlichen Lebensaktivitäten im Naturklima außerhalb des Hauses ablaufen (siehe Joggingwelle). Im Wechselklima noch notwendiger Isolierbedarf kann zu etwa 20 % durch Kleidung und gut 10 % durch pflanzlichen und topographischen Windschutz geleistet werden.

Im Rahmen solchen neu-alten Naturverhaltens sollten Axiome, Prinzipien und statistische Durchschnittswerte einer naturwirtschaftlichen Lebensökonomie bald praxisnah, unakademisch, ohne Großforschung erarbeitet werden.

Jeder Lebensform die eigene Temperatur

Etwa 30 % aller bio-logisch unentbehrlichen Lebensaktivitäten sollen auch bei Niedrigtemperaturen möglich sein.

Weitere 30 % erstrecken sich auf Schlaf, der in einem gut geschützten, aber auch beinahe unbeheizten Raum möglich sein soll.

Nur etwa 40 % Zeit entfallen auf »musische« Tätigkeiten wie Kochen, Essen, Baden, Musizieren, Unterhaltung und erfordern Temperaturen zwischen 10 und 20 Grad.

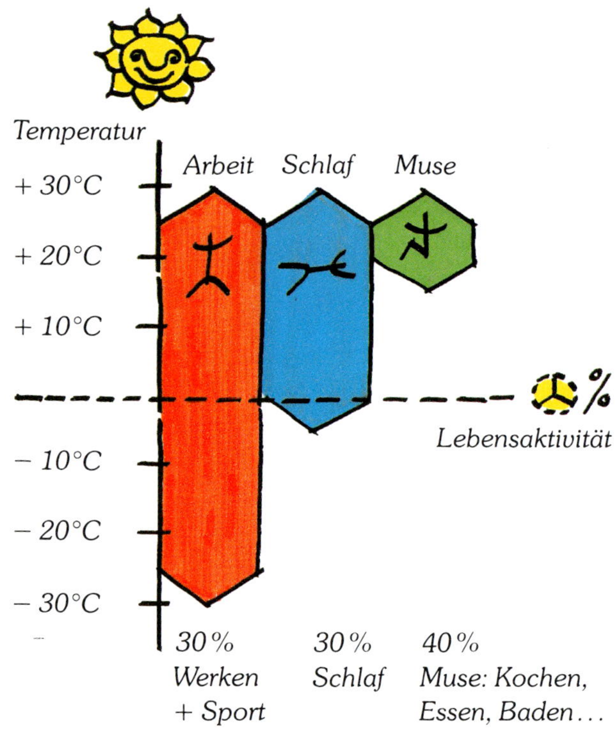

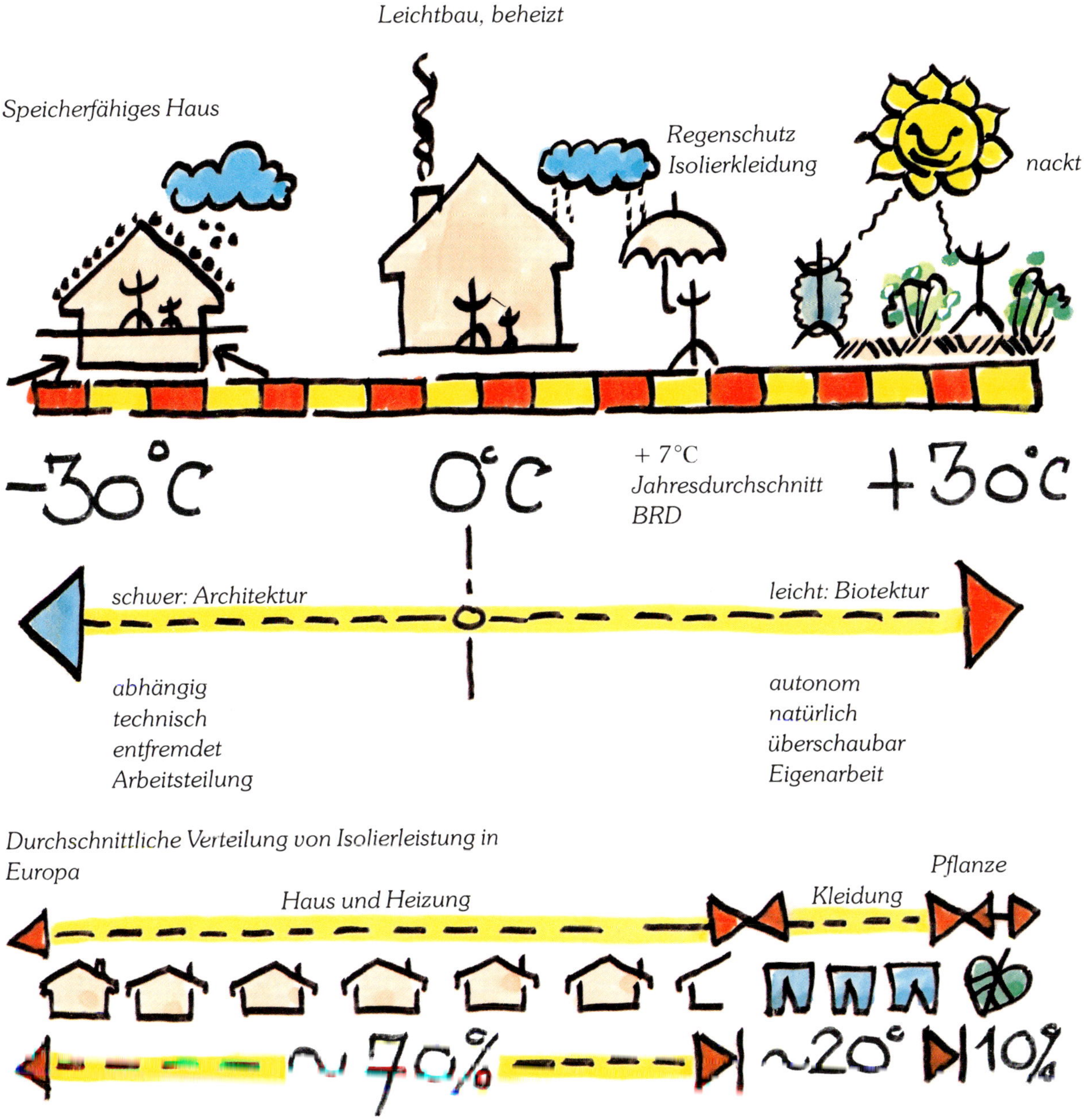

Schutz vor Umwelteinflüssen durch Haus, Heizung, Kleidung und Pflanzen. Etwa 70 % der Schutzleistungen werden Haus, etwa 20 % der Kleidung und nur etwa 10 % der Pflanze zugewiesen.

Sonnenlauf und Lebenslauf

Die Sonne als Antrieb allen Lebens bestimmt seit Jahrmillionen mit ihren Rhythmen Entwicklung von Pflanzen, Tieren und Menschen. Rhythmen zeigen sich in Tagen, Jahren und im Gesamtlebenslauf.

Jahreslauf: Gleichlaufend (synchron) mit dem »Sonnenmotor« des Lebens verteilt sich die Jahreszeit für Menschen in nördlichen Regionen auf ⅔ »Außenleben« und ⅓ »Innenleben«.

Tageslauf: Dem Jahresrhythmus entsprechend teilt sich auch ein Menschentag auf etwa ⅔ Aktivzeit und etwa ⅓ Ruhezeit.

Lebenslauf: Eine ähnliche Verteilung gilt auch für einen gesamten, menschlichen Lebenslauf. Etwa ⅓ der Zeit fallen auf Jugend und Alter, sind also relativ passiv und nach innen gewandt (»introvertiert«). ⅔ der mittleren Lebenszeit sind nach außen gewandtes (»extravertiertes«) Erwerbsleben.

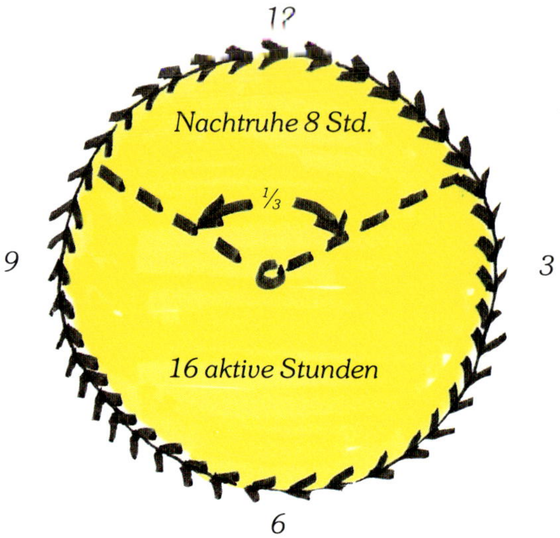

Tageslauf

⅓ *Innenleben*
verarbeiten, träumen …

⅔ *Außenleben*
erwerben, aufnehmen

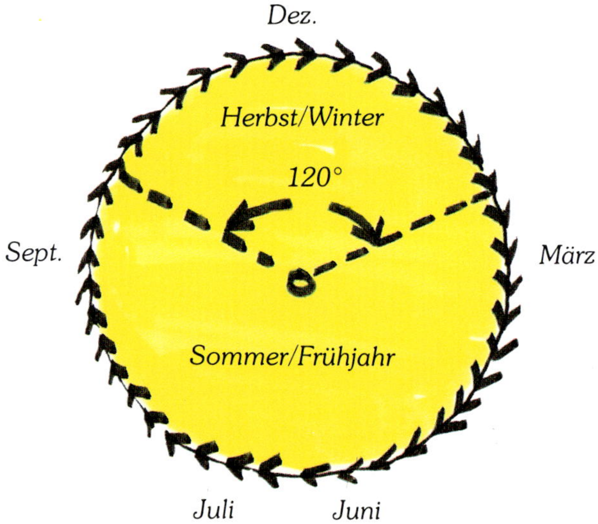

Jahreslauf

⅓ *Innenleben*
Schutz, Ruhe, Wärme

⅔ *Außenleben*
Erwerb und Freizeit

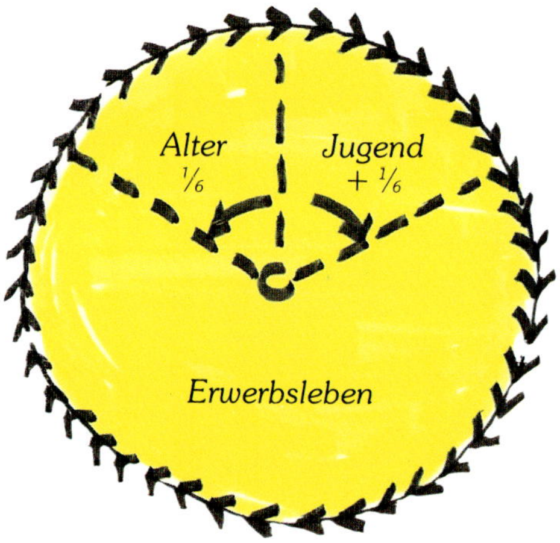

Lebenslauf

⅓ *Jugend und Alter*
»introvertiert«

⅔ *Erwerbsleben*
»extravertiert«

Der Sonne nach

In jedem Leben auf diesem Planeten wirkt verschiedenartig konservierte Sonnenenergie. Die Sonne bringt alle Kreisläufe des Lebendigen – direkt oder indirekt – in Bewegung.

Pflanzen sind *primäre* Wandler von Sonnenenergie für andere, beweglichere Lebewesen, also solche, die nicht genügend Energie aufnehmen und lange genug speichern können: z. B. Menschen.

In bezug auf *direkte* Sonnenenergie-Verarbeitung haben Tier *und* Mensch einen relativ niedrigeren Wirkungsgrad als die Pflanze. Die Pflanze überlebt *ohne* Standortwechsel und ist als Partner-Ernährer-Behauser-Schützer-Energiewandler aller sog. »höheren Systeme« völlig unentbehrlich.

Diese »höheren« Systeme sind eigentlich nur deswegen komplexer, weil sie *Beweglichkeit* zum Überleben brauchen und deswegen sozusagen aus Wurzeln Fortbewegungsorgane entwickelt haben.

Im Laufe ihrer Entwicklung hat sich die standortstabile Pflanze auch Tiere als Helfer »gezüchtet«. So verbreiten Tiere beispielsweise den Samen von Pflanzen und helfen bei der Befruchtung.

Alle Tiere, der Mensch eingeschlossen, können ohne die primären Leistungen der Pflanzen nicht leben, nirgendwo, auch nicht auf Dauer in der Stadt, denn die Stadt ist ein beinahe totalitäres Fremdversorgersystem, das sich – Systemzwänge vortäuschend – vom Selbstversorgersystem Pflanze abgekoppelt hat. Sie muß viele Schadfolgen mit teurer Nebenwirkungstechnik wieder kompensieren – aber eben immer nur mit kurzfristigem Scheinerfolg.

Mindestens 22 grundlegend unentbehrliche Versorgungs- und Entsorgungsleistungen bietet die Pflanze den Tieren und Menschen im jahreszeitlichen Ablauf. Jede dieser Einzelleistungen hängt untrennbar mit vielen anderen zusammen, die Einzelleistungen bewirken einander gegenseitig und haben meist Doppel- und Dreifachwirkungen, jedes Systemteil hat mehrere Funktionen (S. 32).

Heutige analytische Wissenschaft, die beispielsweise nur Energieschutz von Pflanzenfassaden zu messen versucht, muß sich sagen lassen, daß das zwar von beträchtlicher Bedeutung für den einzelnen und eine ganze Volkswirtschaft sein kann. Die 21 anderen Leistungen sind aber ebenso unentbehrlich, darunter auf den ersten Blick so unwichtig erscheinende wie Duftstoffe von Pflanzen, die die Biosensorik von Mensch und Tier steuern.

Für solch ganzheitliche Argumente wird man heute natürlich nur mit einem Lächeln honoriert. Trotzdem spricht vieles dafür, daß wir eben *nicht nur* Technik-Energie durch Pflanzen-Bio-Energie ersetzen sollten. Partnerschaft mit der Pflanze sollte nicht nur Reaktion auf Überlebensangst aus Energiemangel sein, sondern *mehr*: Poetisch ausgedrückt ist die Pflanze der *treueste Freund* des Menschen. Niemand kann den Menschen besser und zuverlässiger versorgen. In einer stabilen Gesellschaft werden in Zukunft viele Menschen beruflich vielfältig tätig sein. Wenn das bäuerlich-gärtnerische Bein fehlt, ist die Entfremdung von den Kreisläufen des Lebens unvermeidlich.

Die Pflanze kann im übrigen den Menschen gut entbehren, aber nicht umgekehrt der Mensch die Pflanze. Die »Liebe« der Pflanzen zu Menschen ist also recht uneigennützig, während der Mensch in Partnerschaft mit der Pflanze immer großen Eigennutzen hat.

Man weiß »Besatzzahlen« von Tieren, die einem Wald noch gut tun. Gibt es im »Reich der Pflanzen« eine Regel, die nur so und so viele Menschen als Partner von bestimmten Pflanzen in einem bestimmten Klima zuläßt? Und warum hat der Mensch solche Regeln beinahe immer verachtet, warum hat er sie nicht zu seinem Kulturgut gemacht, zur *echten* Religion? (lat.: religio – Rückbezug)

Warum behindern heutige Schein-Religionen *echte* Rück-Vorwärtsbesinnung? Das Gute (good – god) liegt offensichtlich auch im Energiewandler Pflanze, die Energie aus dem Solarofen namens Sonne konserviert – ein *sehr* konservatives System also, das Fusion und Fission von Atomenergie dort beläßt, wo es sich seit 4 Milliarden Jahren befindet: In *sicherer* Entfernung von Milliarden Kilometern.

Wir sollten erkennen, was die Pflanzen alles leisten, was sie uns als »Stammbaum des Lebens« alles bieten, wie Biotektur (das »Paradies«) früher ausgesehen hat und wie wir das wiedergewinnen können – ohne Inquisition, Kreuzzüge, Ölzüge und Mikroprotze aus Hong-Kong.

Der jährliche Sonnenkreislauf Sonnenwinkel und Sonnenhöhe nach geographischen Tagen

45° Genua	21 März	45°
	21 Juni	68°
	21 Dez.	22°
50° Frankfurt	21 März	40°
	21 Juni	63°
	21 Dez.	17°
55° Kopenhagen	21 März	35°
	21 Juni	58°
	21 Dez.	12°

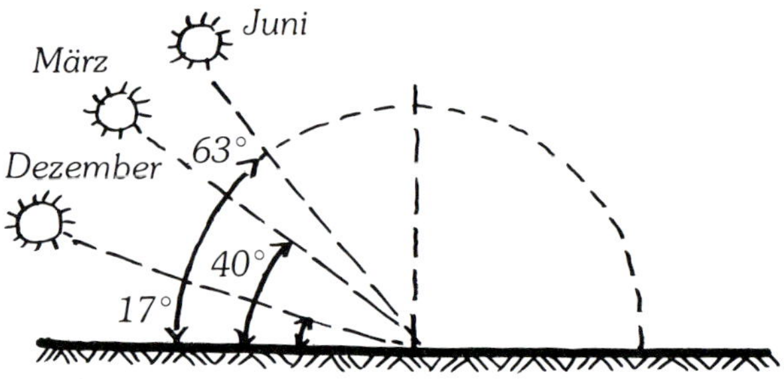

Sonnenhöhen in Frankfurt

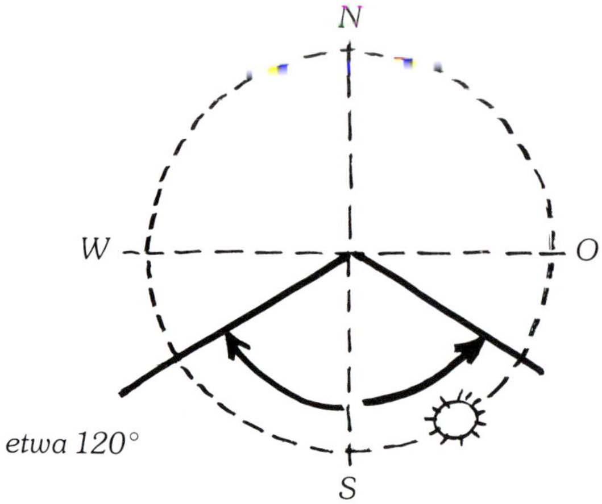

Winterwinkel, horizontal, in Frankfurt

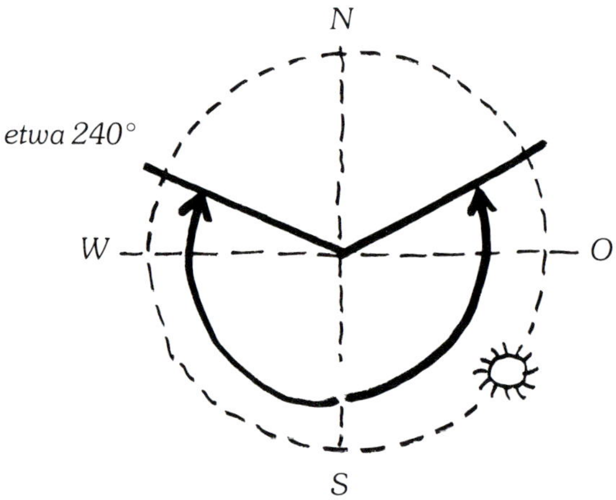

Sommerwinkel, horizontal, in Frankfurt

Wenn die Sonne in ihrem täglichen Lauf optimal Energie abspeichern soll, muß das Profil der Grundstücksbepflanzung wie eine Schüssel gestaltet sein.

An der nördlichen Halbseite der »Pflanzschüssel« schützen ganzjährig Immergrüne und reflektieren zurück auf einen inneren Ring von fruchtenden Sommergrünen.

Im Brennpunkt des Grundstücks liegt idealerweise gleichsam als »See-le« und Energiespeicher die

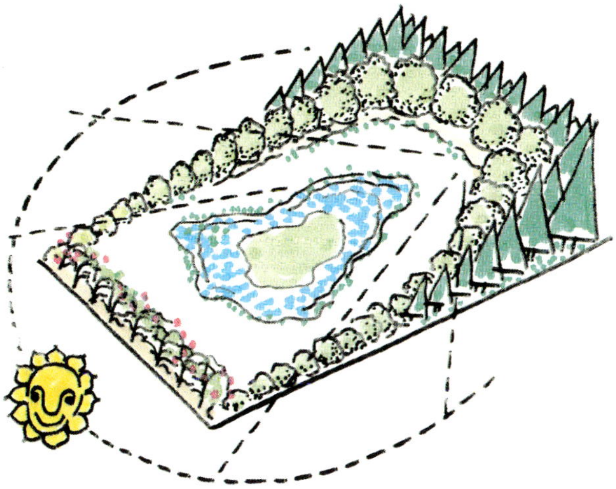

eigene Wasserversorgung und -entsorgung, die ihrerseits wieder wie ein Spiegel wieder Energie auf die umsäumende Lebendwelt der Pflanzen reflektiert. So wird eine Dauerkultur-Bepflanzung im Idealfall selbst ein lebendes, fruchtendes und schützendes Biohaus aus Pflanzen, das beinahe kostenlos von selbst wächst und die Landschaft aufwertet.

Auch ein Haus steht im Kreislauf der Natur. Die Prinzipien sind einfach: Vom Süden kommt Wärme, vom Norden Auskühlung.

Sonnenlauf und Sonnenspeicherung. Die Bepflanzung eines Grundstücks rund um das Haus soll die jahreszeitlich wechselnde Sonneneinstrahlung wie eine Schaufel einfangen und nutzen.

Auf der Südseite eines Grundstücks soll also die niedrig ankommende, relativ kurze Einstrahlung in Übergangszeiten und Winter unbehindert passieren. Dazu helfen sommergrüne, blattwerfende Pflanzen, die ziemlich hoch wachsen, um im Sommer Sonnen- und Sichtschutz zu gewähren. Spalierzäune, Spalierlaubengänge, die viel Sonne brauchen, sind deswegen südlich richtig.

An der Nordseite und den Nordost- und Nordwestflanken soll das Grundstück dicht immergrün bepflanzt sein. So wird die Schaufelwirkung zwischen Immergrünen und Sommergrünen sowie auch Windschutz erzielt.

Nach Süden offen wirkt ein solches Pflanzenhaus als Energiespeicher, nach Ost-West-Nord als Windenergiebremse, die bis zu 50 % Auskühlung mindern kann.

Pflanzen-Nischen in dieser Umpflanzung vergrößern die Oberfläche und wirken so auch als Filter. Etwa ⅔ aller Schadstoffe kann bei uns der Westwind bringen.

Dichte Immergrüne, wie z. B. die Fichte, Tanne, Douglasie, Thuja, Scheinzypresse, Eibe, Buchs, Spindelstrauch, Efeu, Brombeere u. a., müssen – auch der Nachbarn wegen – auf einer bestimmten Höhe gehalten werden, damit sie unten genügend dicht bleiben. Fichte, beispielsweise, wird durch Beschnitt wohl kernfaul, ist dafür aber sehr preiswert zu erwerben und schnellwüchsig.

Ein Leistungsvergleich. Ein Leistungsvergleich zwischen Pflanze und Mensch zeigt schon rein quantitativ, daß die Pflanze als Partnerin der Sonne *mindestens* 22 unentbehrliche Leistungen für *anderes* Leben bringt, beispielsweise Sauerstoff und gereinigtes Wasser.

Der Mensch dagegen liefert der Pflanze als Baustoff nur sein »Abgas« CO_2. Vergleichsweise steht das Spiel also 22 : 1 *für* die Pflanze. Die Pflanze verschenkt dauernd wertvollste Leistungen, und wir, als »ihr« Nutznießer, zerstören heute unsere eigene Lebensgrundlage...

Weise Religionen zeigen, welches Pflanzenleben in welcher Region wieviele Menschen ohne Störungen tragen kann. Weise Religionen zeigen auch, wieviele und welche Helfer die Welt der Pflanzen in einer bestimmten Region braucht, um das Land vielfältig zu verbessern.

Arbeitsteilige Wissenschaft von heute kuriert nur an Folgeschäden von Fehlwachstum und Überwachstum des Menschen und hat deswegen überhaupt keine Chance, all die Lecks der »Arche Titanic« zu stopfen – auch nicht mit Genetik-Kuren. Arbeitsteilige Wissenschaft ist oft zum Hofnarrentheater für die neueste Eiszeit heruntergekommen. In Tausenden von Büchern wird heute über Pflanzen auf Latein fragmentiert. Das Wesentliche und *Praktizierbare* bleibt dabei oft verstellt.

Historisch haben Völker, die mit dem »weisen Testament der Pflanze« lebten, gegenüber Raubkulturen meist ins Gras beißen müssen, z. B. Indianer. Als die ersten Missionare nach Niederkalifornien kamen, lebten dort etwa 50000 Indianer. Als die Missionare wieder gingen, gab es noch etwa 10000.

Als ein bäuerliches Mitteleuropa noch im Verbund mit der Pflanze lebte, wurde es wehrloses Opfer hungriger Menschen aus dem Norden, denen eine Zwischeneiszeit zu Hause die Ernte verweigerte.

Das ist der Kern des Problems: Wie wehren sich kleine Gruppen seßhafter Pflanzenpartner gegen räuberische Kreuzzügler, die den Exportismus in alle Welt verbreiten?

Was geschieht, wenn weitere Bevölkerungslawinen, öffentlich finanziert, ausgelöst werden?

Was geschieht, wenn »akademische Verwicklungshilfe« auch in den letzten Winkel des Amazonas geflogen wird – mit dem im voraus bekannten Resultat?

»Man mag lehren, was man will,
die Welt nimmt ihren eigenen Lauf.«
Martin Luther

Der Lebenspartner Baum leistet: Windschutz bis 50 %, Staubfilter bis 70 %, Luftmischung bis 100 %, Schalldämpfung ~ 0,1 phon/m, Schutz vor Sonnenstrahlen bis 75 %, CO_2-Verbrauch bis 2 kg/m³/Tag, O_2-Produktion bis 1 kg/m³/Tag, Verdunstung bis 60 % der Niederschläge, Abkühlung um bis zu 5 °C, Ruhe, Entspannung, Sicherheit, Nahrung, Humus...

Blatt der Pflanze: Lebender Sonnenkollektor

Sonne und Natur treffen sich in Biotektur

Mit der Bio-Tektur wird es möglich, verschiedene, von der Sonne bewirkte Kreisläufe zu einem System zu integrieren. Auf diese Weise läßt sich z. B. ein Mehrgeschoßhaus langfristig von Fremdenergiezufuhr abkoppeln.

Dadurch kann es gelingen, den bei uns üblichen Lebens-Standard zu bewahren oder gar zu verbessern und *zugleich* in Naturkreisläufen ohne Umweltbelastung zu leben.

In einer ersten Phase kann ein solches Haus teilweise autonom werden z. B. durch eine Grünfassade, Sonnenkollektoren usw. Dieses Entwicklungsstadium wird »Ökotektur« genannt.

Werden ganzheitlich, also systemartig, bioproduktive Elemente mit Pflanzen verbunden, entsteht wieder Schritt um Schritt Lebendbau, also Biotektur.

Auf folgender Skizze wird dies dargestellt:

1. Dachgewächshaus als offene oder verglaste Laube. Die durch den Bau verlorene, ehemals lebende Grünfläche wird auf dem Dach wiedergewonnen.
   - Beschattende Pflanzen als Sommergrün *über* dem Gewächshaus.
   - Nahrungspflanzen *im* Gewächshaus.
   - Biotope z. B. mit Nahrungsfischen.
   - Warmluft, über Wärmetauscher zur Beheizung darunterliegender Räume benutzt.
   - Tauwasserbrunnen, die sauberes Wasser erzeugen.
2. Brüstungskollektoren erzeugen warmes Brauchwasser für Körperpflege und Wäsche. Zukünftig kann in einem Geo-Speicher *unter* dem Haus auch Sommerenergie für Winternutzung gespeichert werden.
3. Siliziumzellen erzeugen elektrischen Strom, warmes Wasser evtl. auch zur Heizung.
4. Balkongewächshäuser für Wärmeschutz und Nahrungspflanzen mit Erdbehältern für Hängelauben über dem Hof, Vorhof, Hinterhof, lärmreichen Verkehrsstraßen.
5. Balkonlauben für Fassadengrün, Immergrün, Sommergrün, fruchtend, wärmedämmend, schallschützend ... (s. auch »Naturhaus«, Krüger Verlag, Frankfurt am Main 1981)
6. Hofbiotop für Kleintiere, aus Lehm, übergrünt: Naturwerkstatt und Bioversität.

SACHL '84

Natur als Werkstatt: Eigenarbeit mit Lebend-Werkzeugen

Sonnenenergie als Lebend-Werkzeug • Die Arbeit der vier Kreisläufe • Kreisläufe, die speichern • Speicher als Werkzeug • Luft als Werkzeug • Erde und Humus als Werkzeug • Wasser als Werkzeug • Pflanzen als Werkzeug • Entsorgung und Gärung als Werkzeug • Naturwerkstätten aus Naturwerkstoffen • Beispiele von Naturwerkzeugen • Im Gewächshaus kann es beginnen • Prüfliste für eine Naturwerkstatt

Sonnenenergie als Lebend-Werkzeug

Die Sonne ist das Ur-Werkzeug. Sie bewegt mit ihrer Energie den gesamten Kreislauf des Lebendigen. So gesehen »arbeitet« die Sonne mit ihrem »Werkzeug« und macht jeden Lebensbereich, in den sie hineinwirken kann, zur »Werkstatt«.

Menschen sind Partner dieser Vorgänge mit der Fähigkeit, helfend und steuernd einzugreifen, indem sie eine *Theorie* (griech. »Schau«) davon entwerfen und diese dann mit ihrer *Praxis* (griech. »Handeln«) umsetzen und gestalten. Diese Theorie- *und* Praxisfähigkeit von Menschen ist der Grund, warum Menschen sich Werkzeuge zum Eingriff in ihre Umwelt schufen. Entwicklungsgeschichtlich haben Menschen so zuerst Steine in die Hand genommen und z. B. Tiere damit getötet.

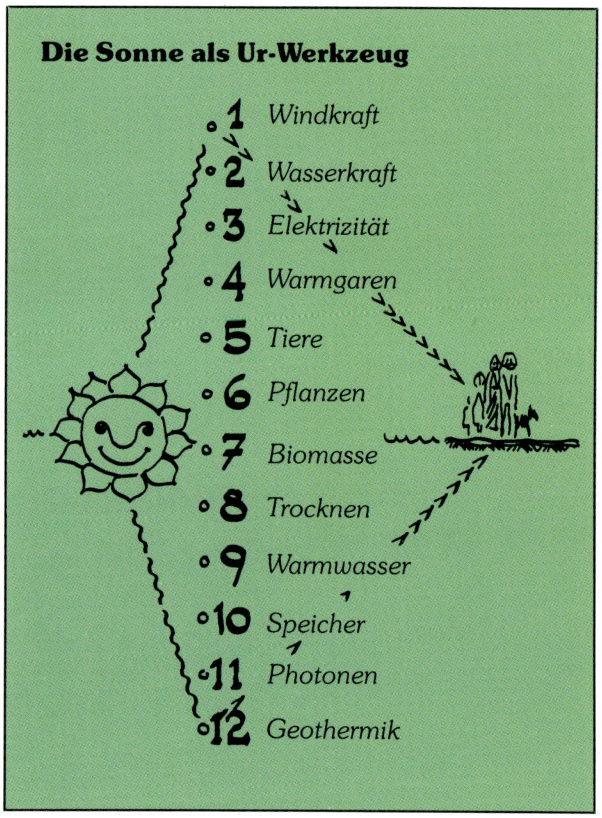

Lautlose, dezentrale und saubere Herstellung von Elektrizität aus Siliziumzellen: Ein *Systemteil im Bio-Baukasten der Naturwerkstatt. Weihnachtsgeschenke dieser Art, auch für Kinder, weisen die Richtung einer neuen Ethik.*

Dieses Prinzip »Instrument« wurde stets weiterverfolgt. Maschinistengesellschaften in unwohnlichen Industrielandschaften sind heute das Resultat. So stehen wir vor einer kritischen Schwelle: Technische Werkzeugsysteme sind so übermächtig und erpresserisch geworden, daß sie uns zu verschlingen drohen.

Diesem Untergang können wir wohl entgehen, wenn wir dem Tot-Werkzeug das *Lebend*-Werkzeug entgegenstellen. Es geht aber nicht um eine schnelle Demontage des Industriesystems, wie einer der dümmsten Vorwürfe an die Alternativbewegung lautet, sondern um eine Ökologisierung und Biologisierung des Industriesystems.

Mit dem Hammer kann man einen Nagel einschlagen, aber auch eine Fensterscheibe zerstören. Heute erleben wir, wie die zerstörerische Gewalt der »Hammerwerkzeuge« ins Maßlose gestiegen ist. Wir können heute *beliebig hart* in die Umwelt eingreifen, bis zum atomaren Overkill.

Wir haben uns mit der Entwicklung so weit von den Naturkreisläufen abgekoppelt, daß wir diese zerstören und dabei in einem technoiden Wahn meinen, wir würden uns gegenseitig Gutes tun. Und dies nur, weil wir uns kurzfristig – bei sterbender

Natur und sterbenden Wäldern – Profit und Lohnarbeit versprechen.

Demgegenüber werden in diesem Mutmach-Buch Aspekte von Kreislauf-Werkzeugen entworfen. Diese Natur-Werkzeuge wirken *sanft* auf die Umwelt, weil sie *selbst* aus den Kreisläufen der Natur stammen. Wir begeben uns sozusagen in die Kreisläufe der Sonne zurück, indem wir Untersysteme ihrer Energiewirkung wieder gezielt einsetzen, wie dies die sog. »Wilden« immer getan haben, wenn sie Hirsefladen direkt an der Sonne buken oder mit dem Mörser zerstampfte Hirse an der Sonne zu Bier vergärten. So kann also auch ein einfaches »Totwerkzeug« wie der Mörser natur-nützlich eingesetzt werden.

Kybernetisch gesprochen bestehen diese hier entworfenen Lebend-Werkzeuge aus Systemabläufen, in denen einzelne Teile sich zu einem dynamischen Ganzen, also einem Fließgleichgewicht, integrieren.

Menschen können, dank ihrer Theoriefähigkeit, diesem System Soll-Werte vorgeben und diese durch *rückgekoppelte Steuerung* auch erreichen. Der entscheidende Vorgang in einer Naturwerkstatt besteht darin, daß Naturkreisläufe wie Werkzeuge kreisläufig werden, dabei tote Werkzeuge nicht unbedingt ausschließen.

Dieses Prinzip ist eine bio-logische Pro-volution. In den technischen Industriegesellschaften werden Werkzeuge eingesetzt, um Naturkreisläufe zu beherrschen, deren Zerstörung dann im Rahmen einer abstrakten, »wertfreien» Rationalität kaltblütig in Kauf genommen wird. (Im oberen Kasten werden diese Überlegungen nochmals zusammengefaßt dargestellt.)

Lebend-Werkzeug	**Verfahren**	totes Werkzeug
Sonne →	Wärme ←	Heizung
(Sonne) →	Elektrizität ←	Kraftwerk
Wind →	Atmung ←	Klima-Anlage
Wasser →	Bewegung ←	Fahrzeuge
Erde →	Biomasse ←	Pflug +
	(Nahrung) ←	Kunstdünger
Gärung/ Verbrennung →	Umwandlung ←	chem. + therm. Konservierung

Die Gegenüberstellung zeigt stark vereinfacht alle grundsätzlichen Variationen. Sie zeigt aber auch, daß technische Verfahren biologische Verfahren nicht ausschließen, daß beide einander sogar ergänzen können. – Prinzipiell arbeiten jedoch nur die langsam-natürlichen Verfahren ohne Schadwirkung. Dieses Buch soll deswegen Trends der Ablösung von Totwerkzeug zugunsten von Lebendwerkzeug darstellen. – Damit kann sich der einzelne – z. B. auf seinem Balkon – von den großen, öffentlich betriebenen Schadsystemen langsam, *Schritt um Schritt ablösen und sich erst einmal* selbst *wieder mit »sauberen« Kleinsystemen umgeben, die auch in Eigenarbeit herstellbar sind.*

Naturwerkstatt: Ein lokales Kraftfeld, in dem verschiedene von der Sonne angetriebene Kreisläufe zusammenwirken.

Naturwerkzeug: Der gezielte Einsatz eines lokalen Untersystems mit Hilfe des Sonnenkreislaufs – wenn nötig mit Hilfe von nichtlebenden Werkzeugen.

Naturwerk: Ein von Menschen mit Hilfe von lebenden *und* nicht lebenden Werkzeugen erzieltes »Produkt«. Dieses fügt sich organisch in die Umwelt *und* Inwelt des Menschen ein und arbeitet für diese.

Die Arbeit der vier Kreisläufe

Diese Kreisläufe bestehen aus:

1. Energie aus Sonne, Mond und Geothermik.
2. Luft, bewegt durch die Thermik der Sonne und die Fliehkraft der Erdrotation.
3. Wasser, bewegt durch die Thermik der Sonne und die Schwerkraft der Erde.
4. Mineralien und Baustoffe, bewegt durch die (chemische) Osmotikpumpe der Pflanze und die Schwerkraft.

In der konventionellen Architektur spielen Kreisläufe eine eher untergeordnete Rolle, denn diese werden nur passiv genutzt, also kaum wie *arbeitende* Werkzeuge eingesetzt.

Natur braucht ihre Zeit, bis sie sich zu einer Naturwerkstatt mit eigenem Naturwerkzeug zum Naturwerk konstruiert. An diesem Haus im Schwarzwald wird der Übergang von Architektur zu produktiver Biotektur (150 Liter Wein pro Jahr!) deutlich. Vor knapp zehn Jahren begann der Weinstock emporzuranken und suchte sich entlang eines Spanndrahts einen »Platz an der Sonne« zum Nachbarhaus auf der anderen Straßenseite: Ökologisch sinnvoll, und heute schon nicht mehr ein anarchisches Schrekkensbild für Bürokraten …

Im Pflanzenhaus arbeiten diese Kreisläufe optimal aktiv zusammen. So entstehen Naturwerkzeuge in der Naturwerkstatt. Der Regenwurm im Humus eines Pflanzenhauses ist dessen Bio-Pflug, also *auch*, aber nicht ausschließlich, Werkzeug zur Lüftung und Mineralisierung des Bodens durch z. B. Stickstoff.

Kreisläufe, die speichern

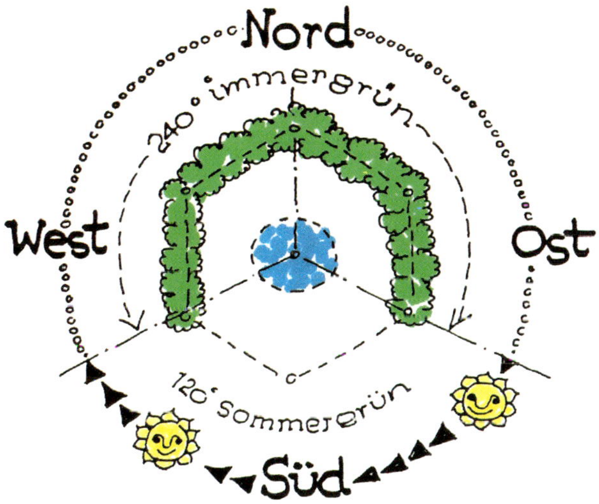

Die Idealgeometrie eines Pflanzenhauses in Mittel-Europa sieht wie folgt aus:

Etwa 120 Grad südlich offen, sommergrün bepflanzt. Etwa 240 Grad im nördlichen »Rücken« immergrün beschützt.

Kreis oder Sechseck sind durch minimierte Außenfläche bei maximiertem Inhalt energetisch optimal – sowohl für ein Haus selbst als auch für eine Grundstücks-Umpflanzung.

Eine lebende Schutzwall-Pflanzung um eine bayerische Dorfkirche wirkt als Klimahülle, als »Energieschaufel«, die trotz rauher Windlage ein günstiges Mikroklima hält. Foto: Gerhilde Lögler

Größere Hausgruppen, gar Städte, müssen sich jedoch, der besseren Durchlüftung wegen, vorherrschenden Windrichtungen öffnen. Das südliche »sommergrüne Sonnenauge« empfängt über mindestens 120 Grad Öffnung Sonnenenergie und schaufelt-speichert diese in Pflanzen, Wasser, Erde, Luft, Früchten, Menschen…

Speicher als Werkzeug

Unbewegliche und damit unlautere Ethik (»Inwelt«) führt auch zur unbeweglichen, versteinerten Umwelt der heutigen Häuser und Städte: Saure Inwelt *führt* zu saurem Regen. Saurer Regen macht *Un*welt aus *Um*welt.

Im Vergleich zum Wandel natürlichen Lebens im Jahreslauf und Sonnenlauf ist auch neueste Technik geradezu brutal primitiv, weil sie nämlich im Ansatz Wandel vermeidet und wegmanipuliert, also beispielsweise Klimareize, Arbeit mit der Natur... Nach dem Umkehrprinzip »produziert« *diese* Antinatur-Technik Smog, Arbeitslosigkeit, Sucht, Fehlernährung...

Was liegt für Überlebenswillige dann näher als Abschied von der Großtechnik, Suche nach *kleinen* autonomen, wirtschaftlichen Möglichkeiten zur Speicherung von Energie, zu *bio-logischem* Ausgleich von Extrembelastung?

Jede biologische Zelle kann durch ihren hohen Wasseranteil Überlebensenergie speichern und zum geeigneten Zeitpunkt nützlich machen: Tagsüber ankommende Energie für nächtliche Nutzung, sie kann sogar Sommerenergie im Fettgewebe für den Abbau im Winter speichern.

Zusätzlich zur *lebendigen* Speicherung von Umweltenergie in Pflanzen läßt sich Energie aus Feuer, Sonne, Wind, Reibung und Kompost auch in Form von Pflanzenöl, Fruchtkernen, Salzen, Steinen und Lehm speichern.

Große Energiespeicher und Klimaspeicher gehen in Richtung teurer und unbeweglicher Architektur und wirken dadurch sehr schnell lähmend auf das Leben. Prinzipiell richtiger sind kleine, bewegliche, tragbare Energiespeicher als Überlebenswerkzeug.

Kleine und große, bewegliche und unbewegliche, lebende und nicht-lebende Energiespeicher schließen im übrigen einander nicht aus. Im Sinne einer vielfältigen Polykultur können sie einander ergänzen und die Menschen *sinnvoll* beschäftigen.

Ein Beispiel: Warum sollten wir nicht mit Sonne oder Windenergie auftankbare Naturmöbel, Sesselbetten entwickeln, in denen wir »genehmigungsfrei« hausen können, weil sie nicht fest mit dem Boden verbunden sind?

Dazu gehört nur der tägliche Mut, solche Naturmöbel (»Aktivmöbel«) mit Umweltenergie aus Wind und Sonne »herzustellen«, sie unter einer Polykultur von Baumräumen im Naturklima sinnvoll zu bewegen und damit eine *höchstpersönliche* Inwelt (Ethik, Religion) wieder zu entwickeln.

Übrigens findet in solchem Naturwerkhaus sicher auch ein Heimcomputer sein Plätzchen, als kleiner Tribut an die Entwicklung des elektronischen Zeitalters.

Tonschalen. Kleine Tonschalen kann manfrau, wie Aufbaukeramik, *ohne* Form aufbauen und dann als geschlossene Körper von *innen* her brennen. Das »Brenngut« wird *selbst* Brennofen, dabei u.U. sogar mit (beispielsweise) Glaswolle isoliert. Öffnungen werden erst nach dem Brennen ausgeschnitten (oder auch vorgesehen, dann aber beim Brennen feuerfest abgedichtet). Die auch bei Innenbrand notwendige Sauerstoffzufuhr kann über eine Thermosonde geregelt werden, ebenso die Brennstoffzufuhr. Bei größerer Stückzahl von kleinen, bewohnbaren Tonschalen lohnt sich eine Viertel- oder Halbform für die gewählte Schalengröße. Auf dieser stehend beschickbaren Form werden die Schalenteile in möglichst gleichmäßiger Wandstärke mit oder ohne Drahtarmierung (je nach Größe und Belastung) aufgebaut und vorgetrocknet.

Vor dem Brennen werden Risse nachgespachtelt. Die optimale statische Form folgt einer Kettenlinie, die eine Kette auf die gewählte Nutzhöhe von *selbst* durchhängt, s. Beispiel: ∅ 300 cm, Höhe 300 cm. Brennen mit z. B. Petroleum geschieht über einen hoch gestellten Außentank (siehe auch Rudolf Doernach »Handbuch für bessere Zeiten«, Stuttgart 1983).

Zuletzt wird die kleine Tonschale wie ein Maulwurfshügel überschüttet und begrünt-bepflanzt: Je mehr immergrüne Blattoberfläche als Wärmepumpe-Wärmetauscher, desto wärmer wird sie.

Große Lehmschalen

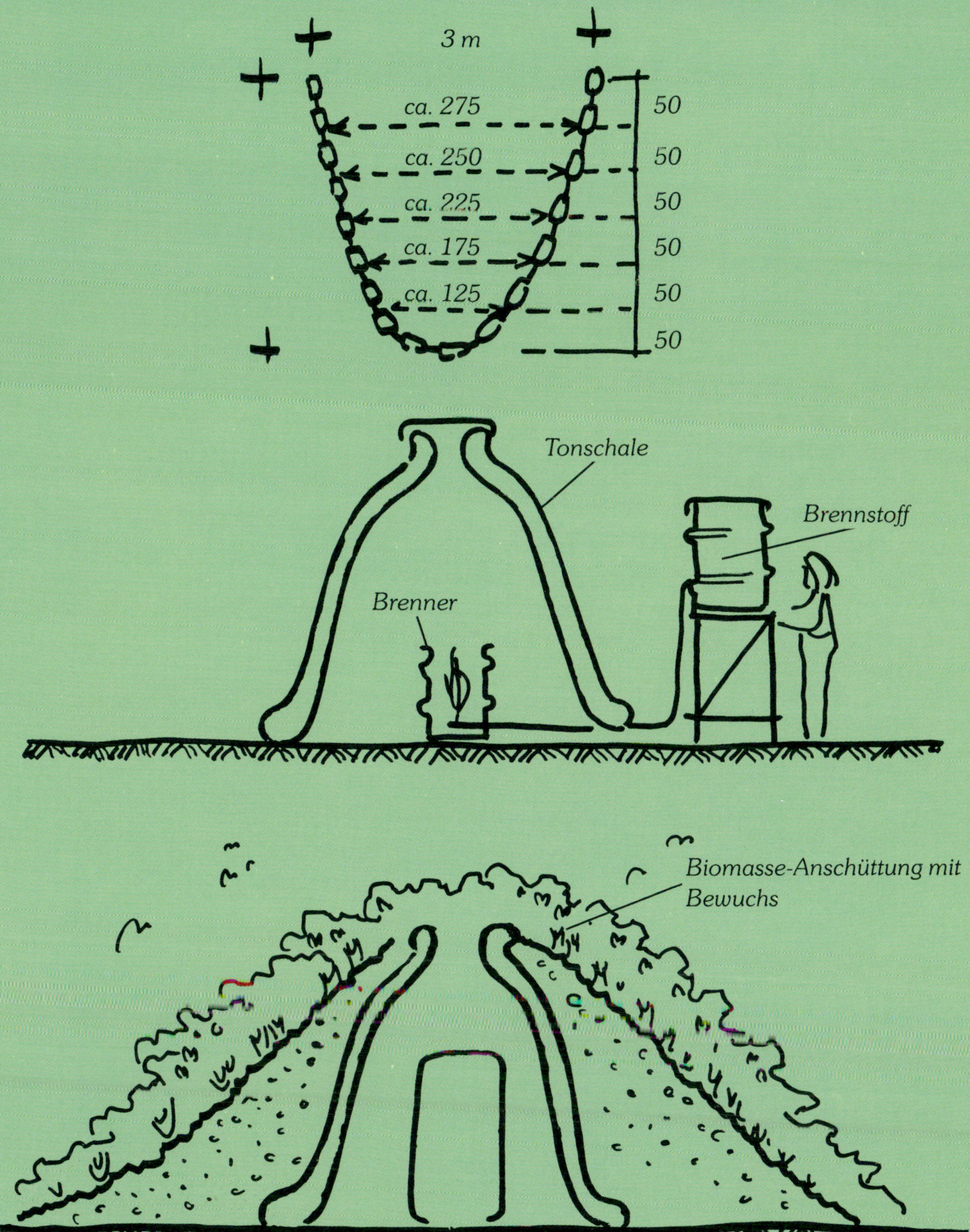

In einem gegebenen, immergrün umpflanzten Grundstück können sich beispielsweise (siehe Skizze unten) viele kleine Schalen (unterschiedlicher Form und Nutzung) als einzelne »Zimmer« hofbildend um ein Kleinbiotop gruppieren.

Der Mensch lebt dann »im Topf«, die Pflanze sonnt sich draußen als grüner, lebender Pelz, als Biokollektor.

Große Lehmschalen. In mehr als der Hälfte aller Baustellen kommt Lehm vor. Dieser kann beispielsweise mit Füllkörpern aus Gebrauchtgläsern oder mit gebrannten Tonkugeln zu einem dicken Schalenkörper aufgebaut werden: Ein Haus direkt aus der Baugrube.

Je nach Spannweite muß eine solche schwere Konstruktion ein inneres Stützgerüst bekommen, beispielsweise aus wenig wasserempfindlichem Eichen-Knüppelholz, das ohne Feuchtigkeitssperren genügend lange hält. An alten Fachwerkhäusern haben Eichenschwellen in der Nässe über 100 Jahre bestanden.

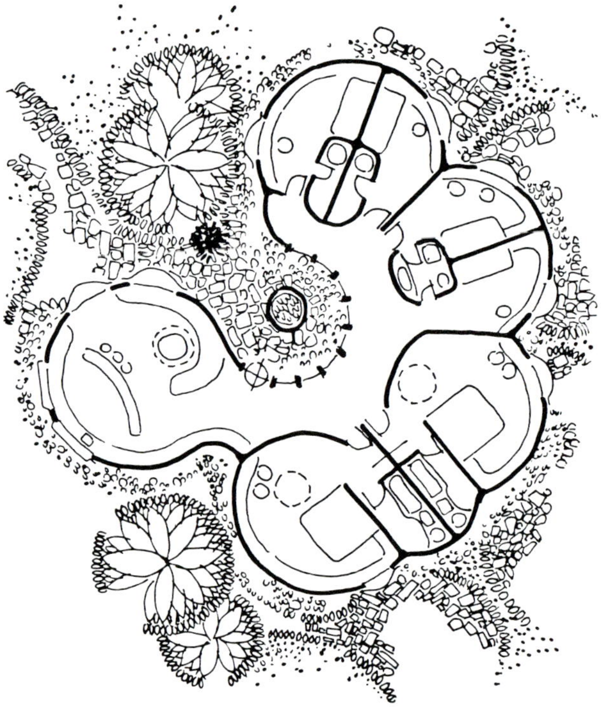

Grundriß für ein bepflanztes Eigenbau-Lehmhaus

Strohlehmschale am Hörnli in Zürich

Die wärmedämmende Anschüttung der Lehmschale kann auch Wasserbehälter (gebraucht oder neu) überdecken, in denen sommerliche Sonnenenergie für Winternutzung gespeichert wird.

Auch dieser Entwurf ist Klimabehälter-Wärmetauscher zwischen Sonne, Erde, Pflanzen und Menschen. Die Abwärme des einen nutzt gerade noch dem anderen. Die Reststoffe (Abfälle) des einen sind die Rohstoffe für den anderen.

Luft als Werkzeug

Die Sonne bewegt mit ihrer Einstrahlung die Luftschichten der Erde. Luft und Wind wiederum bewegen alle Pflanzen als lebende Sonnenkollektoren. Die »Luftmassage« des Windes steuert und belebt auch alles Pflanzenwachstum und verbreitet Samen.

Luft, Wind und Sturm führen den Pflanzen ihren Hauptbaustoff zu, nämlich CO_2, aus dem die Pflanzen unter Abspaltung von Sauerstoff ihr Kohlenstoff-Fachwerk aufbauen. Ohne *bewegte* Luft gibt es keine Pflanzen, ohne Pflanzen kein menschliches und tierisches Leben.

Luft, Wind und Sturm bringen aber auch Auskühlung für alles Lebendige. Um allzuviel Auskühlung zu vermeiden, »kuscheln« sich Pflanzen wie Tiere als Polykultur zueinander und schützen sich so auch gegenseitig.

Zusammenleben von Pflanze, Tier und Mensch wird in diesem Kreislauf harmonisch, wenn »Luft als Werkzeug« zwar genügend gebremsten Zugang hat, aber auch nicht zu stark abkühlt.

So kann beispielsweise ein immergrün und sommergrün bepflanzter Erdwall um ein grünes Haus oder eine begrünte Siedlung herum (wie schon dargestellt) Auskühlung verhindern und damit auch umweltschonend viel Heizenergie sparen. Darüber hinaus bleiben Menschen in solcher Umgebung auch viel gesünder.

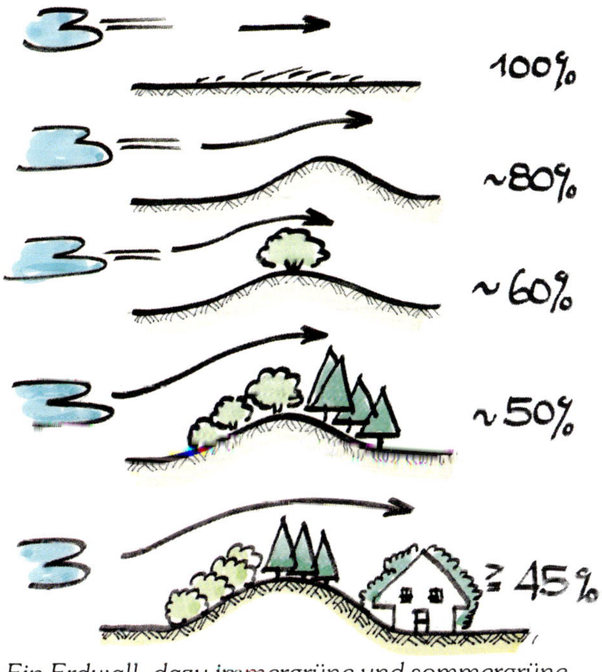

Ein Erdwall, dazu immergrüne und sommergrüne Windschutzpflanzung, ferner ein immergrüner Pflanzenpelz am Haus selbst, reduzieren Auskühlung und Wärmeverluste um mehr als 50 %.

Erde und Humus als Werkzeug

Erde und Humus sind Produkte von Pflanzen. Alle Pflanzen wiederum sind Produkte aus Sonne, Wasser, Luft und mineralreicher Erde.

Erde und noch mehr Humus sind »Wohnwerk« für Milliarden Kleinleben (Mikro-Organismen). In einem Fingerhut voll gutem Humus wohnen Millionen verschiedener, stets hungriger Lebewesen, die, wie Regenwürmer aus pflanzlicher Substanz selbst Humus machen und dabei selbst auch »Werkzeug« für Pflanzen im Gesamtkreislauf sind.

Da wo relativ wenig Luft eindringt, leben Mikro-Organismen sauerstofflos (anaerob) und erzeugen Gas (CH_4), das ebenso wie Regenwürmer den Boden für Pflanzenwurzel-Wachstum lockert. Erde und Humus *selbst* sind wiederum in vielfältiger Weise Werkzeug. So kann Erde menschliche und tierische Reststoffe mit oder ohne Sauerstoff verdauen – umwandeln, wieder kreisläufig machen.

Im klassischen Humusklo verdauen Myriaden hungriger Mikros schadfrei menschliche Fäkalien. In einem Wurmkomposter arbeiten »Mikros« *und* Kompostwürmer *gemeinsam* noch schneller an der Reststoff-Umwandlung.

Das historische Grasdach als Lebendbausystem *erzeugt* Nutzenergie, ist für ein Haus in kalten Regionen »der warme Kopf«.

Kompostmeiler (»Biomeiler«), die Reststoffe (»Fäkalien«) in nützliche Mineralstoffe wandeln, erzeugen zeitweise bis zu 60 °C Eigentemperatur, die maßvoll nutzbar wird, als eine Art »langsamer Verbrennungsofen«. So gesehen und genutzt ist Erde ein Universal-Werkzeug zur Herstellung von Pflanzen, zur Entsorgung von Reststoffen, zur Produktion

Heizendes Kompostdach über einem dänischen Bauernhaus aus Seetang

1 *Komposthaufen in einem Pflanzenhaus*
2 *Rohrsystem zur Aufnahme der Kompostwärme*
3 *Wärmetransport durch Luft oder Wasser*
4 *Isolierdecke über einem Natur-Wohnmöbel (»kotatsu«)*
5 *Pflanzenhaus, das vor Regen und Wind schützt, aber sonst Naturklima hat.*
6 *Wärmetauscher*

von Nutzwärme und auch zur direkten Speicherung von Sonnenenergie: Wieder also Mehrfachwirkung und Mehrfachnutzen zwischen verschiedenen Lebensformen.

Ein Komposthaufen – luftig geschichtet und mit einer dämmenden Schicht abgedeckt – gibt auf einige Monate beträchtliche Mengen Nutzwärme ab.

Manfrau legt einen Wärmetauscher, z. B. aus *selbst* heißluftgeschweißten, schwarzen Polyäthylenrohren in die Mitte des Haufens und überdeckt danach wieder mit noch mehr Biomasse, z. B. Pferdemist.

Im Wärmetauscher (beispielsweise auch ein gebrauchter Heizkörper) zirkuliert Luft oder (im Winter frostgesichertes) Wasser zur Nutzstelle, beispielsweise zu »kotatsu« in der Laube, dem japanischen Tisch mit wärmedämmender Überwurfdecke über einer Sitzkuhle. Dem Komposthaufen darf jedoch nicht allzuviel Wärme entzogen werden, sonst wird sein Kleinleben an der Arbeit behindert. Mit einem Sondenthermometer läßt sich das leicht messen (»Heu-Thermometer«).

Manfrau kann – je nach jahreszeitlichem Wärmeverbrauch – den eingelegten Wärmetauscher immer neu mit Biomasse überschichten und damit kontinuierlich heizen. Bei dieser Art von Heizung fällt also *rauchfrei* Humus für die umgebende, ebenfalls bio-heizende Pflanzenumwelt an.

Die Strategie im Gegensatz zu heute besteht darin: Nicht ein *einziges*, dann *immer* schadwirkendes System konditioniert die Umwelt, sondern es sind *mehrere*, die zusammenwirken. Dazu spielt der Mensch als »Harmonisator« und Nutznießer – das Ganze ist ein Geben und Nehmen im überschaubaren Kreislauf.

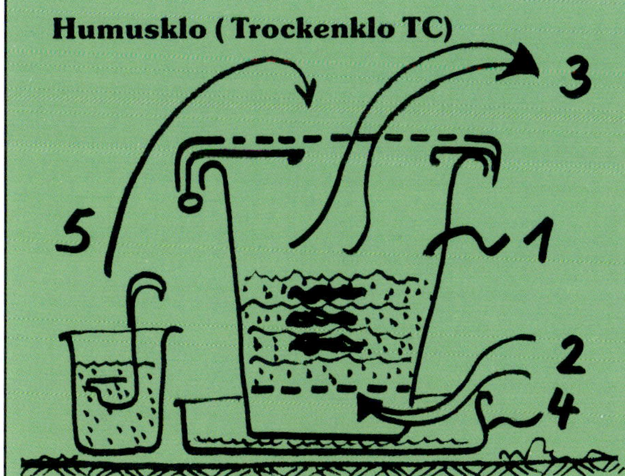

1 Eimer
2 Zuluft
3 Abluft
4 Wanne für Überschußurin
5 Humus und Heublume (nicht: Torf!!!)

Im Humusklo werden menschliche Reststoffe dadurch optimal sauerstoffumspült, daß sie schichtweise in luftiger Biomasse, z. B. Heublume, warm gelagert werden und ähnlich der Hefe im Brot, mit bio-aktivem Humus »geimpft«.

Dadurch arbeiten Mikroorganismen geruchfrei an der Umsetzung, Mineralisierung und schließlich Humusierung.

Der Behälter wird in angemessenen Abständen geleert, die Biomasse dann zur weiteren Humusierung in eine kleine Wurmfarm und schließlich unter Hochkulturen ins Freie gebracht.

Wasser als Werkzeug

Über 60 % der Substanz aller Lebewesen und der Erdoberfläche bestehen aus Wasser. Wasser ist der Hauptbaustoff aller Lebewesen.

Wasser ist also als »Wasserwerk« allgegenwärtig: »Weiches Wasser schafft den harten Stein«. Beim Kontakt mit Gestein mineralisiert sich Wasser in seinem solar gepumpten Kreislauf zum Nutzen von Pflanzen, Tieren und Menschen. Wasser und Wasserwolken werden durch Sonne, Mond und Wind bewegt oder *auch* durch Pflanzen biologisch (»osmotisch«) gepumpt. Wasser ist gleichzeitig »Blut und Biomobil« der Pflanzen.

Die Aufwärtsbewegung des Wassers wird hauptsächlich von der Sonne bewirkt, die Abwärtsbewegung dagegen von der Schwerkraft und Rotationskraft dieses Planeten. (Siehe Rudolf Doernach »Handbuch für bessere Zeiten« I und II, Klett-Cotta, 1983)

Demonstrationsmodell einer Schilfbinsen-Kleinklärnlage.

2 Behälter enthalten, je etwa 50 cm tief, die Wurzelräume von Schilf und Binsen und sind so geschaltet, daß Abwasser oben eingeführt wird, den Wurzelraum in Kaskaden durchdringen muß und dann über einen Schlauch wieder hochsteigt zur nächsten Etappe, die etwas tiefer angeordnet ist.

Solche kleinen Demo-Werkzeuge bewirken mehr als viele Worte. Kosten etwa DM 10,–

1 Duschlaube, z. B. Hainbuche, Thuja, Zypresse…
2 Wasser-Reinigungs-Kaskade: Schilfbinsen
3 Wassersammler
4 Solar beheizte Windwaschmaschine
5 Warmwasserkollektor
6 Alternative

Eine rein pflanzliche Umzäunung mit z. B. Hainbuche oder Eibe, mit oder ohne Wasserfangtasche. Das Abwasser geht direkt in die Reinigungskaskade von Schilf und Binsen. Warmes Wasser kommt aus einem Schneckenkollektor (rechts), Schmutzwäsche geht gleich in eine »Windwaschmaschine« (links).

Entsorgung in der Naturwerkstatt
(Reststoffe werden Nutzstoffe)

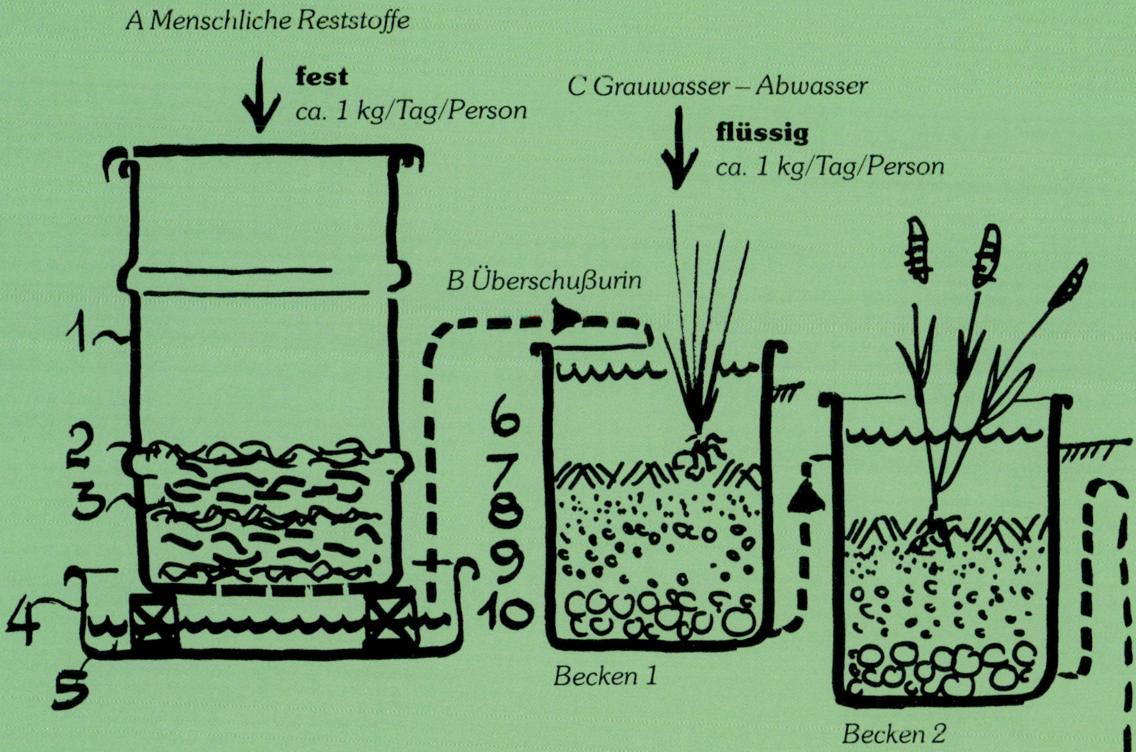

B 3, 4, 5……

Vorfluter, Sickerfeld, Biotop, Fischteich

1 Abgedeckte, gelöcherte Tonne
2 Geknülltes Papier
3 Reststoff mit Wurmerde
4 Fangwanne mit Aufblockung
5 Urin
↓
Nachkompostierung in Wurmfarm
↓
Nutzung nur unter Bäumen
↓
Rohstoff: Humus
↓
Produkt: Früchte und Sauerstoff……

6 Wasser 10 cm
7 Erde 10 cm
8 Sand 10 cm
9 Feinkies 20 cm
10 Grobkies 20 cm

Becken: Etwa 70 cm tief eingegrabene Wanne oder Folie
Stufe 1: Schilf, ca. 0,5 m²/Nutzer
Stufe 2: Binsen, ca. 1,0 m²/Nutzer
Produkt: Schilf, Binsen, Biomasse, Sauerstoff, Biotop

Tauwasserbrunnen für Nachtbetrieb. Vier möglichst große Autoreifen werden übereinandergelegt und außen mit Erde oder gut isolierendem Schüttgut angehäuft, beispielsweise mit Sägemehl.

Zwischen und in die Reifen wird dann aus möglichst schweren und dunklen Steinen ein Wärmespeicher gelegt. Über dem oberen Reifen wird eine in der Mitte gelochte Folie eingeklemmt, die, mit einem Kiesel beschwert, über einer Fangflasche mündet.

Ein Schlauch mit Hahn kann das Wasser nach außen leiten. Eine andere Möglichkeit ist die tägliche Entleerung mit einer Zugspritze, die das Kondenswasser nach oben abzieht.

Durch Abdeckung dieses Taubrunnens können Schadstoffe aus z. B. saurem Regen reduziert werden.

1 *Autoreifen, gestapelt*
2 *Stein-Wärmespeicher*
3 *Tau-Auffangfolie*
4 *Fangflasche*
5 *Tropfrichtung*
6 *Biomasse-Isolierung*
7 *Regendeckel*

Pflanzen als Werkzeug

Pflanzen waren in der Geschichte der Evolution »Moderatoren« für Luftschall, Gerüche und Gefühle der mit ihnen lebenden Menschen.

Pflanzen produzieren Schall als Lebens-Signale, aber sie *dämpfen* auch gleichzeitig Schall mit ihren Blättern. In beiden Fällen beeinflussen und schützen sie ihr Mitleben, signalisieren ihr hörbares Eigenleben als Pflanzensprache, wirken sogar als Heil-Werkzeug, z. B. durch die »Pflanzen-Musik« ihrer Blätter, in der unsere Vorfahren über Jahrmillionen lebten.

Das hörbare, fühlbare, riechbare Leben der Pflanzen ist *selbst* Überlebenswerkzeug für den Menschen.

Pflanzen liebkosen-massieren den Menschen, wenn er *in* ihnen, *mit* ihnen, *für* sie arbeitet.

Schallwellen von Pflanzen beschwingen auch den Menschen, bringen ihn bio-rhythmisch selbst zum Reifen. Das Wort »Person« kommt von lat. »personare« – durchschwingen, durchtönen. Manfrau kann nur »Persona« sein, Selbstbewußtsein haben, wenn die Bio-Rhythmik von Sonne und Pflanzen *ständig* empfangen wird. Architektur-Totbau verhindert das, Biotektur in einer Baumraum-Wohnung bringt Umwelt und Inwelt zur Harmonie.

Pflanzen als Schallschutz. Pflanzen wirken – in bestimmten Anordnungen und bei bestimmten Blattarten – als *lebendiger* Schallschutz gegen gesundheitsschädlichen, technischen Lärm, sind aber selbst auch aktive Schallerzeuger bei Windanfall.

Die »Naturmusik« der Pflanzen ist für wirkliche Gesundheit und Entspannung kaum entbehrlich. Wenn der Mensch mit Instrumenten musiziert, kann er ganz andere, aber immerhin ähnliche Wirkungen erzielen: *Heiterkeit, Freude, Erregung.* Ohne allzuviel Fabelei wird manfrau annehmen dürfen, daß Naturmusik der Pflanzen und Menschenmusik einander positiv ergänzen.

Pflanzen als Schalldämpfer

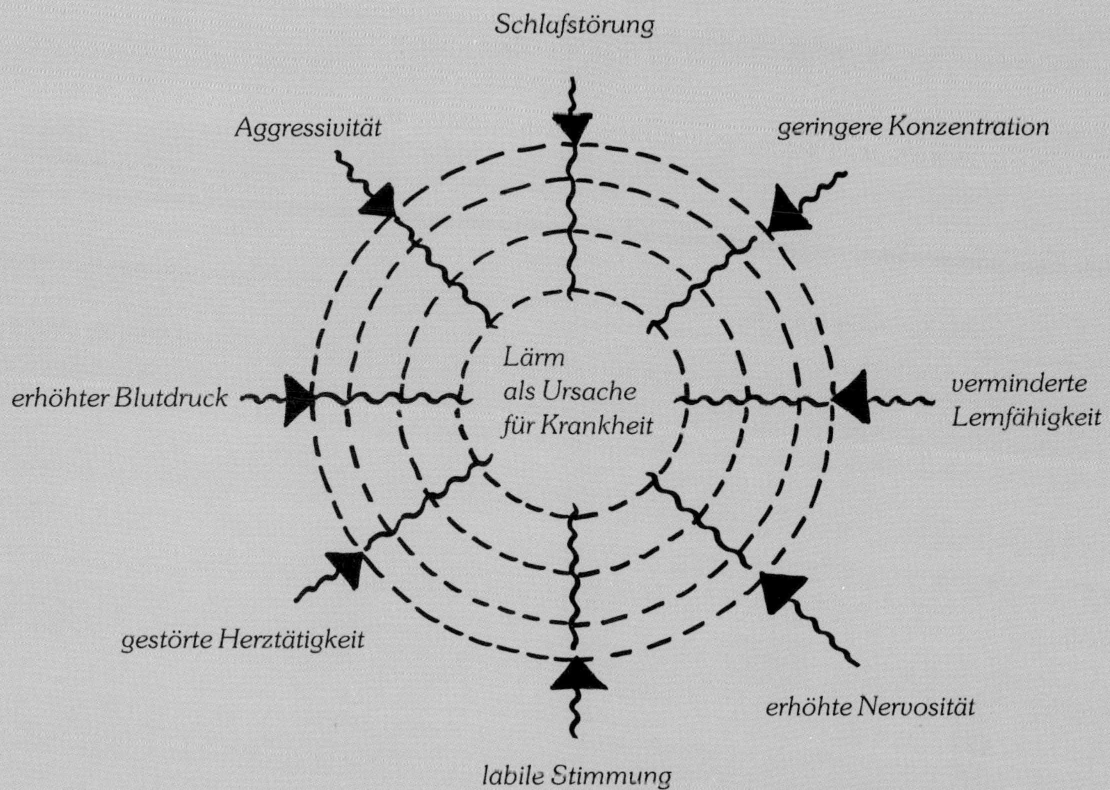

10 bis 20 Phon	→	*Ruhe (Blattrauschen)*
20 bis 30	→	*leise (Gespräch)*
≧ 50	→	*laut*
≧ 100	→	*unerträglich*
ab 115	→	*schmerzhaft (Düsenmotor in 15 m)*

Je nach Dichte und Gewicht des Blattwerks können Pflanzen und Pflanzenbauten beim Haus als »Schalldämpfer« wirken: Immergrüne ganzjährig, Sommergrüne nur von Mai bis Oktober. Eine Schallminderung um nur 3 Phon halbiert im kritischen Bereich die Lärm-Intensität.

Mit feinfühliger Elektronik ist es heute schon möglich, Pflanzenbewegungen, das Öffnen einer Blüte, auf Menschenmusik zu übertragen und umgekehrt mit Menschenmusik auf Pflanzen und Tiere Wirkungen zu erzielen.

Neben den grundlegenden Riechfreundschaften zu Pflanzen und Humus ist also (pädagogisch) Partnerschaft zwischen Pflanzen und Menschen auch besonders gut *akustisch* erreichbar und für die Entwicklung zukünftiger, *lebender* Umwelten sicher unentbehrlich.

Schall mit Schall bekämpfen. Blattrauschen von Pflanzen mindert subjektiv ***die Empfindlichkeit von Menschen gegen*** technischen ***Lärm.***

Entsorgung und Gärung als Werkzeug

Durch den ständigen Import von Fremdenergie (Öl, Gas, Uran) ist unser Denken und industrielles Handeln auch vollständig auf *Fremd*arbeit abgestellt.

- Manfrau macht nicht mehr selbst Energie, sie kommt von irgendwoher.
- Manfrau konserviert nicht mehr selbst. Ein unkontrollierbares Fremdsystem tut das.

Und noch weniger ist uns noch geläufig, daß wir *lebende* Verfahren (»Bio-Energie«) überall *in* uns und *um* uns herum zur Verfügung haben:

- Zur Konservierung von Lebensmitteln ohne Büchsen und ohne elektrische Tiefkühlvernichtung von Umwelt. (Elektrizität aus Großkraftwerken bringt nur einen Wirkungsgrad von bestenfalls 30 % an die Steckdose, 70 % Abwärme schädigen Umwelt am Herstellungsort.)
- Zur Entsorgung-Umsetzung-Nutzbarmachung eigener Reststoffe.

Freiheit von erpresserischer Fremdenergie, Freiheit *für* selbstbestimmte Arbeit, die unsere seelische Inwelt harmonisiert, erzielen wir durch freundlich-positiv-produktive Einstellung zu allen Lebensläufen, *ohne* Vorurteile, wie gut-schlecht richtig-falsch ...

»Fäkalien« bleiben »Fäkalien«, wenn wir sie dümmlich in viel Wasser des WC ersticken, um dann im städtischen Klärwerk mit viel Fremdenergie wieder Sauerstoff einzurühren. »Fäkalien« werden Humus und Energie im eigenen Haus, bei einem Zehntel der Gesamtkosten, bei Schonung unserer Umwelt, wenn wir *ohne* Sauerstoffverbrauch unsere Freunde, die Methanbakterien, Biogas machen lassen. Im »Entwicklungsland China« gibt es Hunderttausende solcher Kleinanlagen, von einfachen, unstudierten Menschen *selbst* gemacht.

Biogas in der Naturwerkstatt. Weil die Nutzung von Reststoffen zur Herstellung von Biogas in einer offenen Naturwerkstatt immer Temperaturen von etwa 35 Grad braucht, ist naheliegend, die Behälter platzsparend unter Schutzwällen unterzubringen, die das Mikroklima unterstützen. So wird schon einmal eine Grundtemperatur von + 8 Grad gesichert.

Mit einem einfachen Windgenerator des Savoniustyps kann zusätzlich bis zu 2 kW elektrische Energie als Heizung für den Gärvorgang geholt werden.

Biogas-Herstellung sichert in jedem Fall wertvolle Düngerstoffe. Sie nutzt die Abwärme des Gärprozesses *selbst*. Sie erfordert aber bei Handbeschickung eine relativ aufwendige Technik im Vergleich zur Reststoff-Nutzung durch eine Wurmfarm, die allerdings kein Gas liefert. Aber so vorteilhaft stets verfügbarer Gasvorrat sein mag, in der Wirklichkeit eines Haushalts verführt er manchmal zum Verkochen von Nahrung.

Naturwerkstätten aus Naturwerkstoffen

Die sterbenden Monokulturwälder müssen ständig ausgeforstet werden, damit sich wieder Vielfalt entwickeln kann. Aus Ausforstholz lassen sich Tragstrukturen machen, vorzugsweise aus Stangen-Rundholz von 8 bis 15 cm Durchmesser.

Solche Tragstrukturen können Regenwasser- und energiespeichernde Wassertaschen tragen, die wiederum – mit Luftabstand – Träger für dicke Überschüttungen aus Biomasse sein können, also Stroh, Heu, Gras, Seetang, Trester, Treber, Schilf, Geäst...

Diese Biomasse zersetzt sich wie ein Komposthaufen bei genügender Luftzufuhr aerob, also gut riechend, und heizt ein solches »Haus« von oben und seitlich, wird dabei langsam selbst zu Humus für das umliegende Gartenland. (Haus etymologisch ursprünglich »Hülle«, verwandt mit »Hose« und »Hort«.)

Solche Komposthäuser (»*Wohnen* im Hügelbeet«) begrünen sich auch gerne *selbst* mit Einjährigen, z. B. der stickstoffhungrigen Brennessel oder mit wildem Hopfen, so daß völlige Eingrünung möglich ist.

Je nach Spannweite können die Rundholzverbindungen genagelt oder auch mit Schrauben und Krallendübeln verbunden werden. Vorstellbar und versuchenswert ist auch, der Urkonstruktion aus Rundholz Weidenstecklinge beizupflanzen, die dann nach einiger Zeit und geeignetem Zuschnitt später *selbst* Tragfunktion übernehmen. Sie lösen die ursprüngliche Unterkonstruktion ab, so daß ein vollständig lebendes Naturhaus wächst. Auf diese

Zur Waldpflege geerntete Rundholzstangen werden zusammengestellt, mit einem Ranknetz umschnürt und beispielsweise als »Bohnenhaus« begrünt.

Weise kann eine ursprünglich sehr vergängliche (»ephemerale«) Struktur zu einer langlebigen Dauerstruktur werden, die allerdings stets den Menschen braucht, weil Biomasse stetig nachgeliefert werden muß.

Blick aus einem Bambushaus mit Papierwänden. Solche Konstruktionen können auch produktiver, klimatisch besser und brandsicherer mit einem immergrünen-sommergrünen Pflanzenpelz überwachsen werden.

Eine Rundholzpyramide trägt auf drei Ebenen Pflanztaschen. Überschußwasser kaskadiert von oben nach unten und bewässert so die Pflanzetagen.

Modell einer Stadtlaube von 14 m Spannweite. Acht Träger tragen rundum drei Pflanzetagen als »Raumgarten«: So entsteht ein selbstwachsendes Pflanzenhaus mit Naturklima, das seine menschlichen Partner versorgt und entsorgt.

Beispiele von Naturwerkzeugen

Bislang gibt es nur ein chemisch-physikalisches System der Elemente, das angibt, wie sich durch Veränderung der atomaren Quantitäten die spezifischen *Qualitäten* der Stoffe ergeben.

In der Folge entwickeln wir die gedanklichen Ansätze für ein *biologisches* System der Elemente, eine Art Bio-Baukasten, dessen Addition von Elementen verschiedener Leistung und Qualität *durch* die Zusammenwirkung (»Synergie«) selbst wieder neue Systemqualitäten ergibt: Gleichgewicht, Harmonie, Verträglichkeit.

Wenn Wasser, Luft, Erde, Pflanze, Tier und Mensch zusammenwirken, »kreislaufen«, spielen ..., entstehen an einem Ort Lebensbedingungen, die zugleich für die *ganze* Gemeinschaft-Gesellschaft optimal sind.

Allen Bauelementen gemeinsam ist, daß sie Sonne und Mond als Kreislauf, die Schwerkraft als Gegenbewegung (»Zugfeder«) und die Drehfliehkraft unseres Planeten *auch* als Windenergie brauchen.

Die örtlich-jahreszeitlich richtige Schaltung *und* Bewegung dieser Bauelemente bestimmen den Wirkungsgrad des Gesamtsystems und entscheiden so, ob Fremdenergie notwendig ist.

Unter diesen Gesichtspunkten sind *alle* heutigen Techniksysteme (Kohle, Gas, Öl, Uran ...), also alle, die nicht auf täglich erneuerbarer Sonnenenergie fußen, im Prinzip falsch, weil zerstörerisch.

Das Problem: Wie lösen wir – Schritt um Schritt – die technischen Systeme zugunsten von Bio-Systemen ab? Wie lernen wir – Schritt um Schritt – die neu-alten Ge-Wohnheiten bei der eigenen täglichen Pflege lebendiger Kreisläufe?

Oder noch anders: Wie kommen wir von voller *Fremd*arbeit zu wenigstens teilweiser *Eigen*arbeit?

Sonnenkocher: Gebündelte Solarstrahlung betreibt einen Selbstbau-Sonnenkocher.

Dreistufiger Savonius-Rotor (Langsamläufer) zur Erzeugung von elektrischer Energie.

▷ *Versuchsgelände des Synopsis-Instituts in Lodéve in Südfrankreich (von links nach rechts): Warmwassererzeuger, Stromerzeuger mit Segelrotor, Windwaschmaschine.*

Pilzfarm: Sonne, Stroh, Pilzwurzeln und Wasser... erzeugen Pilze in der Mini-Pilzfarm.

Nahrung: Mit Öl konservierter Schafkäse: Viele Lebewesen im Naturwerk-Kreislauf haben beigetragen.

Taubenhaus: »Düngemittelfabrik« des Naturwerkhauses.

Pflanzenhaus: Sonne, Regen und Hainbuche wachsen ein Pflanzenhaus als Naturwerkzeug.

Versetzbares, seuchensicheres Kleingehege für Kleintiere des Naturwerkhauses.

Wärmetauscher: Sonne, Holz, Rohre, Wind kooperieren an einem Wärmetauscher für das Naturwerkhaus.

Reinigung: Mensch, Wasser und Waschglocke reinigen Wäsche im Naturwerkhaus.

Im Gewächshaus kann es beginnen...

Der Umstieg von tonnenschwerer, teurer Totbau-Architektur mit Fremdversorgung in echte, selbstversorgende Biotektur ist für die meisten Zeitgenossen ein zu großer Sprung.

Selbstbau-Gewächshäuser, die ohne Baugenehmigung (nur mit »Bauanzeige«) erstellbar sind, bieten einen leichteren Übergang zu Lebendbau, im Prinzip also eine leichte, bezahlbare Hülle mit Wind- und Regenschutz und zu etwa 20 % abgeschwächter Sonnenenergie. Die preiswertesten Konstruktionen liegen heute bei etwa DM 50,– pro qm Grundfläche im Selbstbau.

In solchen einfach oder doppelt (Schlauchfolie) bespannten Gewächshäusern kann manfrau dann mit Muße ein Pflanzenhaus wachsen lassen und die nötigen Kreisläufe einstimmen. Danach wird, ganz oder teilweise, je nach Mut und Erfolg des »Entwicklers«, die technische Hülle entbehrlich und weitergegeben. Zurück bleibt also nur der Pflanzenbau, wofür manfrau – wenn die gesetzlichen Nachbarabstände gewahrt sind – erst recht keine Baugenehmigung braucht.

Die Zukunft bringt ohnehin (u. a. Heizkostenersparnis!) eine große Welle von Anbaugewächshäusern für Pflanzen, die sowohl Minusgrade als auch Gewächshaustemperaturen ertragen. Besonders geeignet dafür sind Pflanzen, die um die oberitalienischen Seen gedeihen.

In solchen Gewächshäusern können Pflanzenfreunde selbst auch Großmodelle von Pflanzenhäusern erforschen und diese dann als echt bewohnbare Nutzbauten ins Freie umpflanzen.

Einfaches Foliengewächshaus. Geeignet als erste Hülle für eine Naturwerkstatt, die später auch wieder abgebaut werden kann.

Gewächshaus zwischen zwei Wohnblöcken in dem kalten Klima von Winnipeg/Kanada. Zur Abwehr von Auskühlung gedacht. Nachteile: Die Verbindung der Mieter mit bodenschlüssigen Pflanzen in den oberen Geschossen ist gering. Abluft einzelner Mieter in das »Gemeinschaftsklima« des Gewächshauses belästigt alle andern (»Knoblauchproblem«).

Prüfliste für eine Naturwerkstatt

In den nächsten Jahren wird es viele weitere Gründungen von »Naturwerkstätten« geben, öffentliche und private, kleine und große.

Kleine Naturwerkstätten sind nicht viel mehr als die biologische Weiterentwicklung eines Schrebergartens oder die ökologische Nutzung eines Feriengrundstücks *ohne* Totbau, also z. B. mit einem Pflanzenhaus.

Aus einigen Vorspielen von Naturwerkstätten entwickeln sich mittelfristig aber auch *größere* Natur-Bioversitäten als Orte der Begegnung, des gemeinsamen Lernens in einer Naturwirtschaft. Diese »Bioversitäten« zeigen, daß Ökologie und Ökonomie harmonieren, wenn Pflanzen und Tiere »Professoren« der biologischen Eigenarbeit bei Selbstversorgung und Selbstentsorgung werden.

Schon können »Naturwerkstätten« ohne Fremdfinanzierung Wandergesellen-Gastarbeiter von degenerierten Universitäten aufnehmen: Die »Arche Bio« ist flott.

Einzelkriterien	Angebot 1	Angebot 2
Größe m^2		
Entfernung zum Wohnort		
Grundstücksform		
eben/Hanglage		
Sonnenlage		
Beschattung		
Lage zur Straße		
Schneeräumung		
Lärmlast: Industrie		
Autos		
Flugzeuge		
Nachbarn		
Schulweg		
Kindergarten		
Einkaufsmöglichkeiten		
Kosten		
Anschlüsse		
Wasser		
Quelle		
Versumpfung		
Strom		
Windlage		
Bepflanzung		
Bodenqualität		
Krankheit erzeugende Zonen		
Waldnähe		
mögliche Erweiterung		
Platz für Partner		
Parkplätze		
Flurbereinigung		
......		
......		
......		
......		
......		

Biovisionen: Natur als Hauswerk

Natur war schon einmal Hauswerk • Baumhäuser • Erdhäuser, Höhlenhäuser • Biomeilerhäuser • Maulwurfshäuser • Naturwerkstatt in Österreich • Wasserrosenhaus • Wildhäuser • Mini-Biodom • Arche Bioville • Pflanzenkirchen • Grünräume für Kinder • Grüne Wege • Die hängenden Gärten des Jedermann • Stadtlauben • Von der Naturwerkstatt zur Naturwerkstadt • Leben wie die Fische

Natur war schon einmal Hauswerk

»Wer wegen eines religiösen, politischen oder wirtschaftlichen Dogmas Menschen zu normen versucht, zerstört ihre biologische Natur.«
(Aldous Huxley, 1970)

Natur stellt mit ihren Kreisläufen Naturwerkzeuge in einer Naturwerkstatt bereit, mit denen sich ein »Hauswerk« herstellen läßt. Solches Hauswerk hatten die Menschen schon vor Jahrtausenden. Doch im Laufe der Entwicklung wurden daraus Häuser *ohne* Natur.

Die Häuser der Menschen wurden immer schwerer, unbeweglicher und von Fremdenergie abhängiger. Heute, angesichts brutaler Öko-Krisen, müssen wir diese überkommenen Totbauweisen ablösen. Architektur arbeitet nicht für die Natur, sondern oft räuberisch auf deren Kosten.

Mit toten Baustoffen schützen wir uns vor den »Unbilden« der Natur, vor ihren Klimaschwankungen. Wir flüchten in Gleichklima von Häusern und ersetzen in ihm verlorene Reizwirkungen mit Abenteuer-Ersatz: Bonanza statt *Bio*nanza.

Heute *müssen* wir wieder ein »Vorwärts-zur-Natur« finden, Biovisionen, sonst gibt es keine Zukunft. Wir können wiederentdecken, daß lebende, sich stets verändernde Natur *selbst* Hauswerk werden kann. Wenn Menschen es verstehen, sich in die Kreisläufe des Lebendigen einzuschalten und diese *positiv* zu pflegen, können Pflanzen und Bäume auch wieder lebendig-vielfältige Arbeit, Ernährung und Hauswerk liefern.

Den derzeitigen Anteil an Totbau (»Architektur«) können wir nur mindern, wenn wir – Schritt um Schritt – Natur nicht mehr als Objekt technokratischer Beherrschung sehen, sondern als *Partner* der Entwicklung. Wer *mit* der Natur zu leben weiß, entdeckt allmählich wieder die Dauerhaftigkeit und Erholungsfähigkeit ihrer Hauswerke: Er befindet sich von selbst auf dem Weg zu einer Dauerkultur (»Permanentkultur«). In einer ersten Entdeckungsrunde wollen wir seit über 20 Jahren Brücken von bestehendem Schadbau zu Lebendbau suchen, also Wege von todgenormter Architektur zu befreiender Biotektur. Die Befreiung der Menschen aus den Gefängnissen der Normen ist überfällig!

Baumhäuser (Biovision 1)

Solche »Traumhäuser« entsprechen sicher nicht den 10000 Normen. Kaum ein Bausparer würde sich für all diese Ungewöhnlichkeiten begeistern.

Aber *jeder* würde sie gerne aufsuchen, anfassen, darin probewohnen, einen preiswerten Urlaub darin verbringen, sich über die »Macken« freuen und dann wieder mit Seufzer in die gewohnte Ratenzahlungs-Wohnung rollen.

Die »große Freiheit« im 20 °C-Mietparadies hat viele zu Fertigwelt-Menschen gedrillt: »Was fertig ist, macht einen fertig.«

Ausbruch aus *jeder* Art von Abhängigkeit ist aber gesichertes, historisches Phänomen. Die Frage war immer nur, wie schwierig der Ausbruch war und wie lange sich beplante DIN-Mieter (BRD: 60 %) entmündigen lassen.

Die Entwicklung braucht mutige Vorläufer, die das ganze Spektrum zwischen Totbau und Lebendbau markieren, Fluchttunnel von der Fertigwelt in die »Naturwerkstatt« bauen.

Das Dreigestirn der Ablösung von formalistischer Totbau-Architektur heißt Ökotektur-Biotektur-Hydrotektur.

Das sind keine neuen »Stile«, sondern Wege von einer »Befreiung« in die nächste, denn der Weg *zum* Ziel *ist* das Ziel.

Haus unter Bäumen

Baum im Haus

Übergrüntes Haus

Wurzelhaus

Baumhaus

Stammhaus

Wurzelhaus *aus Mangrove im Pazifik: Viele Eingeborene nützen diese Wurzelräume auch als Wohnung oder Aufbewahrungsorte. Gelegentlich dienen Wurzelknollen auch gleich als gewachsene Möbel.*

Vision einer Biohaus-Siedlung von lebenden Baumhäusern aus beispielsweise Weide oder Pappel. Solche Häuser sind wie die alte Naturheimat natürlich keinesfalls »pflegeleicht«, ihr Mietzins ist sinnvolle Eigenarbeit in einer zukünftigen Freizeitgesellschaft.

Baumhaus *aus Eiche: Eine Studentin spinnt sich ein Baumnest und läßt Moospelze einwachsen.*

Stammhaus: *Baumriesen in Südamerika bekommen oft von selbst nützliche Hohlräume, die Menschen und Tieren als Schutzräume oder Lager dienen.*

Erdhäuser, Höhlenhäuser (Biovision 2)

Überall, wo große Kälte oder auch extreme Wärme herrscht und wo gleichzeitig die Hochwassergefahr gering ist, sucht der Mensch auch neuerdings wieder, wie seine animalischen Lebenspartner, den Klimaschutz der Erde, baut er also künstliche *Höhlen*.

In Regionen, wo mit knapper Not noch Brennholz zum Kochen gefunden wird, also Bauholz sehr knapp ist (in Teilen Afrikas wird für Kochholz bis zu 60 % des Einkommens ausgegeben!), sind Erdbauten zum Schutz der kargen Pflanzenwelt sicher richtig, falls nicht gleichzeitig wieder unsinnig überweidet wird. Dies bedeutet immer, daß gärtnerisch faule Menschen sich bequemerweise als Milch-, Fleisch- und Woll-Konsumenten an Tiere hängen und dadurch die *pflanzliche* Umweltpflege vernachlässigen. Im wichtigsten Überlebensbereich, Nahrung also, werden zehnfache kalorische Dauerverluste über den Tiermagen in Kauf genommen. Die Folge: Solche Kulturen degenerieren zu Parasiten an Umwelt und Tieren.

Erdhäuser, Höhlenhäuser dieser »Kulturgenre« – auch übergrünt – wirken letztlich kulturell feindselig. Lichtmangel und Luftmangel in solchen Behausungen führen letztlich auch zu geistiger Anpassungsunfähigkeit, zur Killerhaltung, zum Raubmenschen – nicht zum Heger und Pfleger von Pflanzen.

Erdhäuser dieser Art sind *eigentlich* auch die Flucht vor dem Lebendigen, die Flucht vor der bioaktiven Umwelt von Pflanzen, die Sonnenenergie *aktiv* nutzen. Die unentbehrlichen Grundlagen allen Lebens entstehen eben nicht durch *Versteck* vor der Sonne, also Oberflächen-Minimierung, sondern durch Öffnung – Nutzung – Oberflächenmaximierung der Sonne nach.

Das Gegenbeispiel zur Höhle bieten lebende, fruchtende Bäume als Tragstruktur. Dazwischen spannen sich Dächer wie Hängematten, die Biomasse sammeln und auch als Trinkwasserbrunnen Menschen, Tiere und Pflanzen mit allem Lebensnotwendigen umsorgen.

Ein kleines Erdhaus, wie es früher von den Bauern häufig als Schutz vor Unwetter und Blitz gebaut wurde. Die »Ur-Laube« davor wuchs meist von selbst, oft aus Holunder. So war das Erdhaus voll in die Natur integriert.

Erdhaus in Deutschland. Bioladen und Biokellerei kuscheln sich in die Erde, eine fruchtende Laube über dem Haus schützt vor Sommerhitze und Winterkälte.

△ *Erdhäuser in Afrika. Das Problem afrikanischer Länder ist meist ein Zuviel an Sonnenstrahlung. Diese ehemals bewaldeten Länder hatten schon früher »ihr« Waldsterben. Danach wurden Restvegetationen brutal überweidet. Die Folge war ein beinahe vollständiges Natursterben. So mußten die Menschen dort wieder Höhlenbewohner werden. Naturfremde Religionen wirken langfristig immer kulturzerstörend. Wird es der vereinigten »Arbeit« Europas auch gelingen, das afrikanische Vorbild zu erreichen?*

◁ *Erdhäuser in Island. Diese Erdhäuser suchen Anschluß an die Erdwärme dieser vulkanischen Insel oder kuscheln sich als Reihenhäuser mit dicken Speicherwänden dazwischen. Beweidbare Grasdächer mindern Abwärme über das Dach. Im Haus wird auch die »Abwärme« der Tiere mit als Heizung benutzt. So brauchen solche Nullenergiehäuser beinahe nur »Kochwärme«. Die Menschen in solchen Häusern tragen über Jahrhunderte optimierte Schafwollkleidung.*

Biomeilerhäuser
(Biovision 3)

Biomeiler-Häuser »brüten« über einer Sonnenenergie-Erdwärmeblase (nach Dr. Schulz, Freising-Kleinviecht).

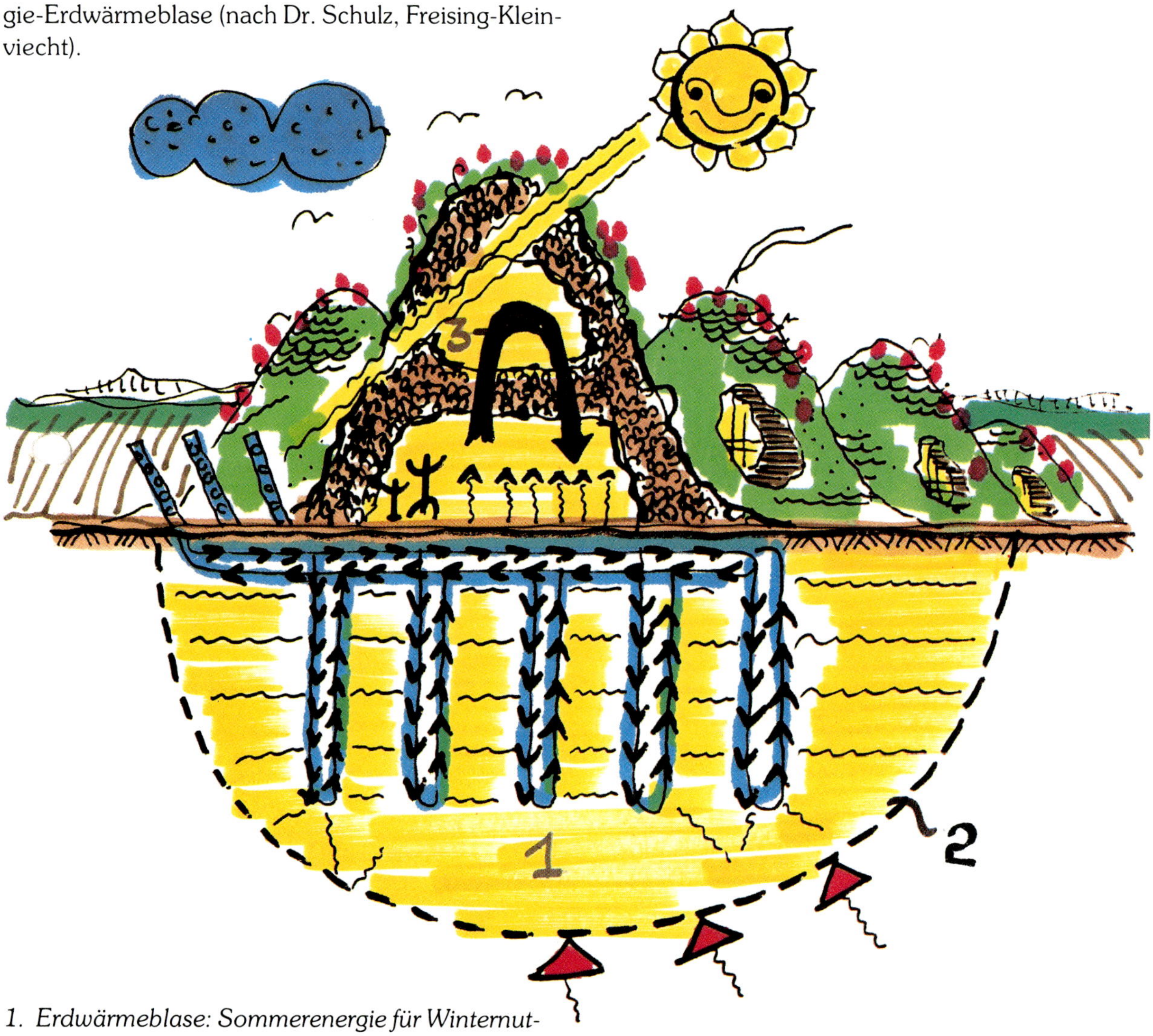

1. *Erdwärmeblase: Sommerenergie für Winternutzung etwa 1000 qm. Bohrlöcher von oben, ohne Erdbewegung. Wärmespeicherung erst ab 2 m Tiefe zum Pflanzenschutz.*
2. *Geothermik + 8 Grad konstant.*
3. *Binnenthermik im Biomeilerhaus, gestützt durch Biogas-Wärmepumpe.*

Maulwurfshäuser (Biovision 4)

Bei dezentraler Anordnung kleiner »Naturzimmer« auf einem Grundstück lassen sich mit Hilfe der Ackerquecke, eines zäh wurzelnden, sehr zugfesten Wildgrases (»Unkraut«), dicke *lebende* Wände bauen, in die manfrau als *lebendes* Fachwerk-Korsett auch Flechtweiden einwurzeln kann.

Solche Lebendbauten haben beim Wuchs bis zu 50 % Setzung, selbst wenn gut gestampft wird. Bei vertikalem Wuchs ist sogar die trockenresistente und frostresistente Quecke gefährdet.

Bewässerung und Nutzwasser-Rückschleusung mit einem gelochten Schlauch aus dem Haus heraus, scheint deswegen notwendig. Auf diese Weise werden also die Wände eines Hauses für die Wasser-Reinigung nützlich und das Haus wird auch gleichzeitig gefüttert.

In solche dicken Bio-Wände, die ja schon von

Hangschnitt

Lageplan

Als lebende Naturbauten wachsen einzelne, zimmergroße »Wiesenhäuser« wie Maulwurfshügel: Lebende Kollektoren von Umweltenergie.

Selbstbau-Biohaus

1 *Wohnmöbel*
2 *Biomeiler*
3 *Grasdach*
4 *Kollektorfeld*
5 *Rankwand*
6 *Bad*

Einzeln stehende »Naturzimmer« (Wohnmöbel) bergen verschiedene Klimata, die jeweils speziell für Wohnung, Schlafen, Baden oder Vorräte optimal sind. Die Naturzimmer gruppieren sich um einen kleinen Biotopsee, der auch Energie speichert und Strahlung wie ein See reflektiert.

Das ganze Naturklima-Ensemble ist umrahmt von windschützenden, sichtschützenden und teilweise früchtetragenden Rankwänden. Im Winter produziert das Kollektorfeld (4) auch bei spärlichem Licht über der sommerlichen Pflanzfläche noch »Impfenergie« für die Biomeiler-Räume.

Horizontal wie eine Kompostlege geschichtete Rundhölzer bergen – einem Blockhaus ähnlich – die wärmende Biomasse um Wohnzimmer, Bad oder Meditatorium herum. Die einzelnen Biomeiler tragen außerdem das verbindende Grasdach. Alle Flächen des Systems sind also bioproduktiv. Das Biomeilerprinzip produziert auch unterschiedliche Mikroklimata, also natürliches Reizklima für Pflanzen, Tiere und Menschen. So wird der übliche Verwohnungseffekt gemildert.

Wasserrosenhaus (Biovision 6)

In vielen Gartenschauen werden Bürger immer noch sonntäglich mit dem Konsum von formaler, nutzloser »Gartenbaukunst« gelangweilt. Überschuldete Städte in rundum sterbender Natur locken Hunderttausende auf die Straße bei der Suche nach Erlebniswelten, die im spezialisierten Berufsleben verloren gegangen sind. Zentralistisch denkende Verwaltungen planen für naturhungrige Städter verkünstelte, tulpengerahmte Fluchtwege.

Dazu gibt es Alternativen: Jede Stadt, jedes Dorf kann *selbst* eine »Arche Bio« wachsen lassen, die nichts kostet, sondern sogar Lebensfreude verdient. Mit steigender Automation sind immer mehr Zeitgenossen auf der Suche nach *produktiver* Freizeit, nach ruhigen, meditativen Erlebnissen statt Rummel.

Warum sollte auf dem Marktplatz einer Stadt nicht eine kleine pflanzliche »Arche Bio« im Wasser schaukeln, mit Enten und Karpfen?

Ein Rotbuchenhaus (oben) und die Wasserrosen-Idee kombiniert: So kann sich ein wirkliches Biohaus beinahe schattenfrei zu Natur und Sonne öffnen. Bewegungsmedium ist ein belebter Wasserspeicher, dessen Reflektion das Wachstum verstärkt und bei der Entsorgung des Hauses hilft.

Projekt für einen städtischen Marktplatz. Das Wasserrosenhaus kann schwimmende Teile auf einem kleinen Biotopsee zur Sonne öffnen und bei Nacht schließen, wie das jede Blume auch tut. Eine immergrüne Efeutüre auf Rollen kann auch den Nordeingang schließen.
(Rudolf Doernach + Partner, 1983.)

Wildhäuser (Biovision 7)

Zwischen vorhandenen oder auch neu gepflanzten Bäumen lassen sich spinnwebartige Netze als Wände und Dächer flechten. Die Befestigung solcher Seilnetze an Bäumen sollen nie die Rinde umschnüren. Dafür können punktartig Befestigungsösen mit Harzversiegelung ins lebende Holz eingeschraubt werden.

Solche Netzwände und Netzdächer werden in der Folge vorzugsweise mit immergrünem Efeu als *lebende* Schindeln bewachsen. Weniger lichthungrige Sommergrüne, wie die Waldrebe, geben dichte Blattpelze.

So entsteht, innerhalb ohnehin schon geschützter Baumräume, ein weiterer flächiger Schutz gegen Auskühlung und (teilweise) auch gegen Regen und Schnee. Eigentlich müßte hier stehen: Schutz *für* Regen und Schnee, denn die Lebendbaudächer sollen ja Regen reinigen, sammeln und wie eine Quelle zur Verfügung stellen. Lebendbaudächer sollen Schnee als luftige Dachisolierung *halten* und damit auch Wärme. Bio-Dächer sind im Unterschied zu anderen Dächern *für* etwas, nicht nur *gegen* etwas.

Weiteren Klimaschutz sucht der Bewohner (oder zeitweilige Ur-Lauber) mit kleinen Naturmöbeln und geeigneter Kleidung. Solar beheizbare Naturmöbel, auch beheizbare Kleidung und beheizbare Schuhe sind kleine Schritte in Richtung voll biologischer Naturwohnungen, die eine Landschaft nicht mehr entwerten-zersiedeln, sondern *aufwerten*.

Im Zeitalter brutaler Waldzerstörung ist nicht erst auf den zweiten Blick sinnvoll, solche »Naturwohnungen« zu entwickeln – aus einem neu-alten Verständnis, daß Menschen bestenfalls Gäste der Natur sind, niemals ihre Herren.

Eine vertikale, immergrüne Efeuwand ist wie ein dichter Vorhang, ein »Grünpelz«, durch den manfrau auch wie durch eine Türe durchtreten kann.

Efeu-Wildhaus: Ansicht eines immergrün bepflanzten Netzes, das von Bäumen getragen wird. Unter den Spannbögen: Wand aus erdegefüllten Säcken.

1 Fichte oder Tanne
2 Efeunetz
3 Thuja (Lebensbaum)

Grundriß, Ansicht von oben. Im Kern: Bewegliche, auch einzeln beheizbare »Naturmöbel«. Die mittlere Hülle: Efeudach als Wind- und Regenschutz. Äußere Hülle: Nur vertikaler Windschutz aus z. B. Thujahecken oder Wildzaun aus Brombeere.

Schöne Pflanzenhäuser entstehen durch beinahe beliebige Nutzung von Naturstämmen, die mit ihren Astgabeln Dachträger und Rankträger für immergrüne oder sommergrüne Dächer aufnehmen. Merke: Baumrinde nie *umspannen, da sonst Breitenwachstum und die Pumpwirkung der Rinde gestört wird.*

Mini-Biodom (Biovision 8)

Für viele Anwendungen im Naturschutzbereich, auch für Forstarbeit in sterbenden Wäldern, lassen sich kleine Überlebens-Stationen entwickeln. Solche Häuser arbeiten wie ein Baum, sie nützen Sonnenenergie, Regen und Wind als Sammler-Speicher-Umsetzer-Reststoff-Rohstoffkaskade.

Sie dienen einem oder mehreren Menschen als schützende Schlafstätte und Körperpflegeort (Sauna), sind bewegliche Inseln, von denen aus die Rekultivierung mit Mischwaldkulturen sich ausbreiten kann. Der Mini-Biodom ist also eigentlich ein pflanzlicher »Entwicklungshelfer« für den Aufbau von Waldwirtschaft, in die dann später (dezentral!) Waldsiedlungen einwachsen können. Ein Mini-Biodom kann wie ein Jägerstand aufgestellt und begrünt werden.

Durch Überproduktion der Landwirtschaft fallen in der heutigen Landwirtschaft viele Ackerflächen brach. Industrielle Arbeitslose oder Teilzeitler können die gärtnerische Bewirtschaftung solcher Flächen übernehmen. Der Mini-Biodom kann so als kleine dezentrale »Biofabrik«, als Dauer-Urlaube, zur Gewinnung von Nahrung, Naturbeschäftigung und Lebenslust dienen.

Wie bei den ersten Sonnenkollektoren und Windgeneratoren werden »natürlich« die ersten Biodom-Modelle durch die Bürokratie verboten. Der »mündige« Bürger darf eher hungern als einmal eingezahlte Arbeitslosenversicherung »ernten« oder gar sich selbst versorgen. (Bei Selbstversorgung verdient der Staat weniger mit!)

1 Schlafnest
2 Treppe
3 Strohisolierung
4 Sauna
5 Wasserkaskade
6 Falltüre
7 Windenergie-Rotor
8 Licht- und Warmwasserkollektor
9 Tauwasserbrunnen

Arche Bioville (Biovision 9)

Entwurf für ein dreigeschossiges Pflanzenhaus direkt am Meer. Das Sommerhaus wächst direkt über dem Winterhaus aus Lehmziegeln. Ein Windrotor besorgt elektrische Energie.

1 Winterhaus
2 Sommerhaus
3 Permaspeicher (Dauerspeicher)
4 See-Absorber, schwimmend

Viele tote Giebelwände und Brandwände in unseren Städten eignen sich zur Anlage von »vertikalen Schrebergärten«. Dieser Entwurf für Berlin-Kreuzberg zeigt 5 verschiedene Möglichkeiten von Biotopen für Pflanzen und Tiere, die durch hängende Gärten miteinander in Verbindung stehen. Hinter jedem Biotop befindet sich ein Fenster, von dem aus das Biotop gepflegt werden kann.
Alle Vorschläge sind als konsolenartige Erker aus Rundholz selbst herstellbar. So sind erste Schritte zu Selbstversorgung durch Eigenarbeit in der Stadt möglich.

1 Salatfenster (Mini-Gewächshaus)
2 Fischfenster
3 Wildkräuter-Biotop als Bienenweide
4 Bienenfenster für Stadtimkerei
5 Taubenhaus zur Gewinnung von Biodung

Pflanzenkirchen (Biovision 10)

Kirchen standen ursprünglich um einen Wachtturm herum, von dem herunter Feinde und Feuer mit Glocke, Trompete oder Rauchsignal gemeldet wurden.

Der Wachtturm wurde bei Not auch Wehrturm mit burgähnlichen Schutzräumen: die früheren Wehrkirchen mit umgebendem Friedhof und Wällen. Oft mußten bei der Verteidigung Gefallene gleich beerdigt werden, *deswegen* wurde der Friedhof um die Kirche angelegt. Kirchengebäude waren also ursprünglich ein System *gegen* etwas, weniger *für* etwas.

Aber die Probleme haben sich sehr wohl geändert! Die früheren Feinde (Feuer...) sind heute zu unsichtbaren Umwelt-Feinden geworden: SO_2, Schwermetalle, Baumsterben meldet man *heute* nicht mehr mit der Kirchenglocke.

Wie können religiöse Bauten *heute* Gefahren signalisieren? Wie können sie den Zeitgenossen erklären, daß ihre *eigene* Ölheizung zum Baumsterben beiträgt, auch zum Ölkrieg, auch zum nächsten Weltkrieg?

Genügt *heute* ein Kreuz als Symbol des Todes und der Auferstehung? Braucht nicht vielmehr die Sonne ein Symbol inmitten einer Umwelt voll von Abgasen? Wäre es nicht produktiver, wenn Kirchen *selbst* das Symbol des jährlich auferstehenden Grüns darstellen oder als *lebendige* Pflanzenkirche sich *selbst* »opfern«, CO_2 in Sauerstoff verwandeln?

Warum sollte eine Kirche nicht mit einem Windgenerator »orgeln« – den ganzen Tag, das ganze Jahr, nicht nur sonntags zwischen 11 und 12 Uhr? Wandel, Dynamik, Naturgeschehen... *das* wäre eine ehrliche Symbolsprache, die heute jeder versteht.

Grüne Kapelle. Früher gab es am Wegrand und in Städten viele »grüne Kirchen« als Symbole für den Rückbezug des Menschen auf die Pflanze.

Begrünte Kirche in Karlsruhe. Auch heute noch zeigen sich viele Kirchen im grünen Gewand. So signalisieren Pflanzen diese wichtige Botschaft in drei Sprachen: Vergangenheit, Gegenwart und Zukunft.

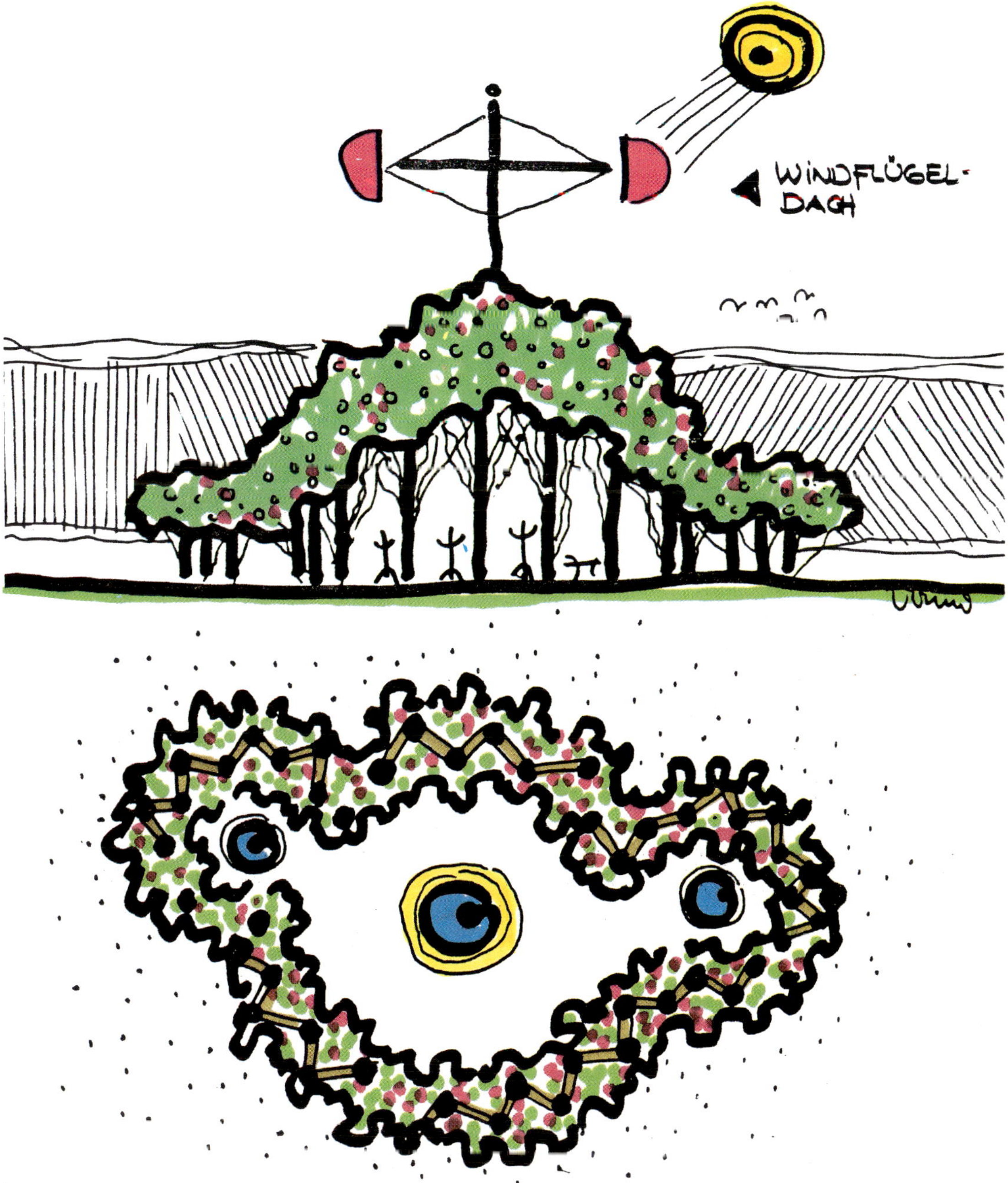

Biokirche. Projekt für eine »weise« Kirche: Kinder des weißen Sonnenlichts, die Pflanzen, wachsen und blühen das ganze Farbspektrum: Grün, Rot, Blau, Gelb ... und schließlich wird aus dem Blattfall auch noch schwarzer Humus. Die »Gläubigen« der weisen Kirche beherbergt ein immergrünes Pflanzendach. Die gesparten Baukosten gehen in Hungerländer der Dritten Welt.

Grünräume für Kinder (Biovision 11)

Kinder werden bis zum siebten Lebensjahr auch von ihrer Umwelt bestimmt. Diese Umwelt bestimmt also auch weitgehend die Verhaltensformen der späteren Erwachsenen.

Wer als Kind in einen Kinder-*Garten* geht, der gar kein *richtiger* Garten mehr ist, der wird auch später eher anderen Ersatzwelten verfallen:

Blumentapeten statt Blütenduft, Zigarettenrauch statt Feuer, Rehtapete statt lebendigem Wald, Schnittblumen, Parfum, Krawatten, Pseudoschmuck...

Wollen die Betreiber von *falschen* Kindergärten das alles? Wollen sie wirklich Kinder für unbiologische Gefälligkeitswelten?

Eltern mit Einsicht in diese Zusammenhänge fangen heute an, *richtige* Kinder-Lauben als Kindergärten wachsen zu lassen, Lauben, in denen Kinder auch wieder einmal frieren und dreckig werden dürfen.

»Familie Saubermann« hat die Wahl: Degenerierten Nachwuchs mit Waschmaschinenlook oder Junge, die noch Überlebenschancen haben.

Oft sind heutige Kaufhaus-Kinderzimmer weit von dem entfernt, was bio-logisch richtig ist. Hier deswegen ein Projekt von »Pflanzen-Tipis« für Kindergärten und Schulen: Immergrüne-sommergrüne Laubenhäuser, die von selbst wachsen, beinahe nichts kosten und nach einiger Entwicklungszeit auch Nahrung und eigene Energie erzeugen.

Schüler lassen übergrünte Bio-Tipis wachsen. Unter Mitarbeit von Lehrern verschiedener Fachrichtungen entstanden an »Werknachmittagen« solche eßbaren Bohnenhäuser im Freigelände. In der nächsten Runde entstehen jetzt an mehreren Schulen begrünte und bewohnbare Biohäuser, Pausenhallen, Wartehallen... Schüler, Lehrer und Eltern haben Appetit bekommen: Die Bio-Kettenreaktion läuft.

Pflanzenmärkte. In einer zukünftigen (Teil-) Selbstversorgergesellschaft wird es geringe Überschüsse geben, für die dann wieder Wochenmärkte entstehen. Der Wochenmarkt bietet dann auch wieder eine schöne Gelegenheit, Freunde zu treffen, Gedanken und Selbstgemachtes auszutauschen. Wir können heute deswegen schon anfangen, öde Parkplätze und Marktplätze zu übergrünen, damit wir in 5 bis 10 Jahren sonnengeschützte, windgeschützte und teilweise auch regengeschützte Marktplätze haben, gleichzeitig auch Pflanzen-Paradiese, in denen Kinder mehr lernen als an einer Totbauschule. Eine Vielfalt von grünen Pflanzenmärkten ist möglich.

Pflanzregal mit Horizontalrohren als Substrat-Träger

1 *Großes Rohr als Erdträger*
2 *Rohrstütze als wassergefüllter Energiespeicher und Fischbecken*

Grüne Wege (Biovision 12)

Gebogener Rankträger als Wegdach mit bodenschlüssiger Pflanzung.

Brückenartiger Rankträger für Rad- und Fußwege mit bodenschlüssiger Pflanzung.

Stützen sind wie Fahnenmasten eingespannt und tragen am Stützenkopf Längsseile, zusätzlich ist evtl. auch noch ein Ranknetz quer eingespannt. Bepflanzung aus Erdbehältern am Stützenkopf, die bewässert sein müssen. Dafür wachsen die Pflanzen platzsparend und zerstörungssicherer.

Rankträger sind hier Einzelstützen, die lamellenartig überschuppend auf mehreren Ebenen Substrat tragen. Auch diese Variante muß bewässert werden, ist aber relativ sicher vor nächtlichen Zerstörungen.

»Hopfengartenlaube« mit bodenschlüssiger Bepflanzung. Die Stützen sitzen unten in einem »Schuh« und sind in allen Richtungen nur von Spannseilen gehalten, wie ein echter Hopfengarten.

»Pflanzregale«: Eine Doppelstütze trägt in mehreren Ebenen schubladenartig bewässerte Substratkästen.

◁ Laubengang in Tübingen: Einfache Bogenträger aus Winkeleisen, mit Spannträgern dazwischen, tragen eine bodenschlüssige Übergrünung! In kälteren Klima- und Windlagen sind Bauteile aus Holz dem Stahl vorzuziehen, um Ausfrierungen und Abscheuern zu vermeiden.

Die hängenden Gärten des Jedermann (Biovision 13)

Die Beschimpfung der Großstädte ist ebenso unproduktiv wie diese selbst. Unbestreitbar ist, daß jede Stadt durch ihre Masse einen guten Klimaspeicher bildet. Süddeutschland wird etwa 1500 Stunden pro Jahr von der Sonne beschienen. Etwa ebenso lange arbeiten wir im Jahr. Warum sehen wir die alten Gehäuse nicht *auch* als nützliche Rankträger für Pflanzen, als »vertikale Äcker«?

Warum machen wir aus den Räumen zwischen den Bauten kein Bio-Paradies mit hängenden Gärten? Etwa weil die Normer und Bevormunder das nicht erlauben? Warum füllen wir die Straßen nicht mit Wasser wie in Venedig, Delft und Freiburg? Warum speichern wir nicht Sommerwärme in den alten Strukturen, damit wir auch im Winter *zwischen* den Häusern leben können?

Rien ne va plus? Das Spiel ist aus? Trügerische Sprache! Wenn ein »Spiel« zu Ende ist, haben immer schon längst *viele* andere begonnen!

Inzwischen hat das Bio-Spiel begonnen! Es wird nicht in schein-biologischer Kork-Wärmedämmung verkommen, sondern sich weiterentwickeln, ohne viel Kommerz, dem Lustprinzip folgend. Maßgebend werden nicht bleiche Endzeitler mit Wünschelrute sein.

Eingangslaube an einem Haus im Schwäbischen.

Biotektur über den Dächern von Wien.
(Foto: Fleischmann, Bonn)

Stadtlauben (Biovision 14)

Die Zeit der städtischen Protzbauten ist vorbei. Auch wegen der horrenden Folgekosten sind solche sargartigen Gebilde kaum mehr gefragt.

Viele Staatsgalerien haben ihr Gutes, trotzdem eignen sie sich vorzüglich, um jedes Jahr Tausende von Schulklassen zu langweilen. Aber vielleicht sind sie eines schönen Tages sogar als Pilzfarmen untauglich, weil eben Totbau nur Macht hat, solange es keine *lebendigen* Alternativen gibt, Alternativen, die *nicht* vom Lebensnerv einer Gesellschaft leben.

Lebende, früchtetragende, regendichte und windabweisende Stadtlauben als Begegnungsort von *Pflanze, Tier* und *Mensch*, haben ihre erste Entwicklungszeit hinter sich. Beispiele zum Anfassen entstehen in diesen Jahren.

Statt Viren-Kanonaden aus Klimaanlagen erleben Bürger in diesen, ihren selbstgemachten und selbstgepflegten Ur-Lauben die Natur-Kreisläufe des Lebendigen. Sie lernen in dieser »Naturwerkstatt« genug, um Teile davon in ihren eigenen Lebensbereich zu übertragen! So entwickelt sich langfristig der Abschied von den Zwangskreisläufen der Technik. So werden aus toten Städten langsam Naturwerkstädte mit vertikaler Landwirtschaft: lebenswert, archaisch, schöner als alle Ferienziele, weil ergiebiger, weil 12 Monate im Jahr benutzbar, nicht nur in den Ferien. Konferenzen, Bürgertreffs, Jugendzentren ... alle sind bio-logisch besser in Pflanzenhäusern möglich – nur hockt manfrau da nicht als unbeweglicher Stadtmensch, sondern tut etwas: tanzt, werkt, must und schmust.

Aus einer Maschinisten-Gesellschaft von »TUNIX« wird wieder eine Kooperative von »TUWAS«.

Stadtlaube in Freiburg. Viele Dorfplätze und Stadtplätze, viele öffentliche Parks und Schulgärten werden bei fortschreitender Automation wieder mehr Treffpunkte für Zeitgenossen, die dem Sitzlingsdasein, dem Bildschirm, dem Regelklima ... und anderen Suchtformen entfliehen. Solche »Biotope«,

wo zwanglos Musik gemacht, Schwätzchen gehalten und Tausch getrieben wird, können in Zukunft als große Pflanzenhäuser ganzjährige «Ur-Lauben« sein.

Dieser Entwurf für die Landesgartenschau in Freiburg in Zusammenarbeit mit dem B.U.N.D. zeigt ein gedübeltes Rundholzfachwerk, das bodenschlüssig mit einer Polykultur von Immergrünen und

Selbstbau-Pflanzenhäuser, die bioproduktiv, selbstversorgend-selbstentsorgend, zweigeschossig mit etwa 200 m^2 Nutzfläche, weniger als DM 100000 kosten. Das ist biologisch möglich und keineswegs eine Revolution, sondern die Umkehrung: Eine »Provolution«, in Partnerschaft mit der Natur.

Sommergrünen berankt wird. Der äußere Ring zeigt einen Laubengangkorb aus Hainbuche. Zwei weitere Ebenen tragen rundum Erdbehälter, so daß *zusätzlich* auch noch von oben nach unten ein regen- und windschützendes Blätterdach wachsen kann.

Diese Stadtlaube ist dann schon nach etwa zwei Jahren heizungsfrei, etwa acht Monate im Jahr benutzbar als Naturwerkstatt, für Seminare und Vorträge, für Naturgottesdienste, als Klangkörper für Bio-Rock, einfach für alles, was ein Freiburger Bürger von seiner »Bioburg« sich wünscht.

In weiteren Ausbaustufen können Solarheizung, geothermische Speicherheizung die ganzjährige Nutzung sichern. Das bescheidene Nahziel:

Rundholzfachwerk der Stadtlaube im Rohbau, noch ohne Grünpelz.

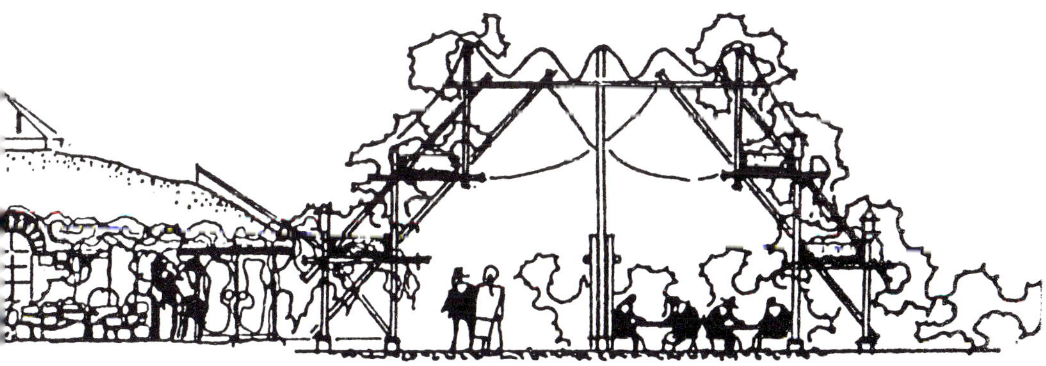

Die Schnittzeichnung zeigt die gedübelten Rundholzbinder, die einen freien Raum von 11 m Spannweite überbrücken. Ein rundumlaufender, bewässerter Pflanztrog trägt auf der Innenseite Immergrüne, auf der Außenseite ebenfalls rundum Sommergrüne und Fruchtende – also eine vielfältige Polykultur. Diese Stadtlaube ist zugleich auch Forschungsobjekt für Stadtbegrünung und zukünftig mögliche Eigenarbeits-Häuser, die als Haus Arbeitgeber sind und beinahe vollständige Selbstversorgung und Selbstentsorgung leisten.

Idee, Planung und Projektleitung und -betreuung

Rudolf Doernach, Biotekt, Wildberg
(Planung der Stadtlaube)
Udo Grab, Architekt, Staufen
(Planung + Bauleitung Naturhaus)
Pius Kopp, Emmendingen (Projektleitung)
Gisela Dahl (Naturgarten)
Harald Rheinberger (Statik Stadtlaube + Naturhaus)
Bernd Lögler (Bauleitung Stadtlaube)
Gerd Strütt (Grünplanung Stadtlaube)
Tina Utermark (Betreuung Stadtlaube)

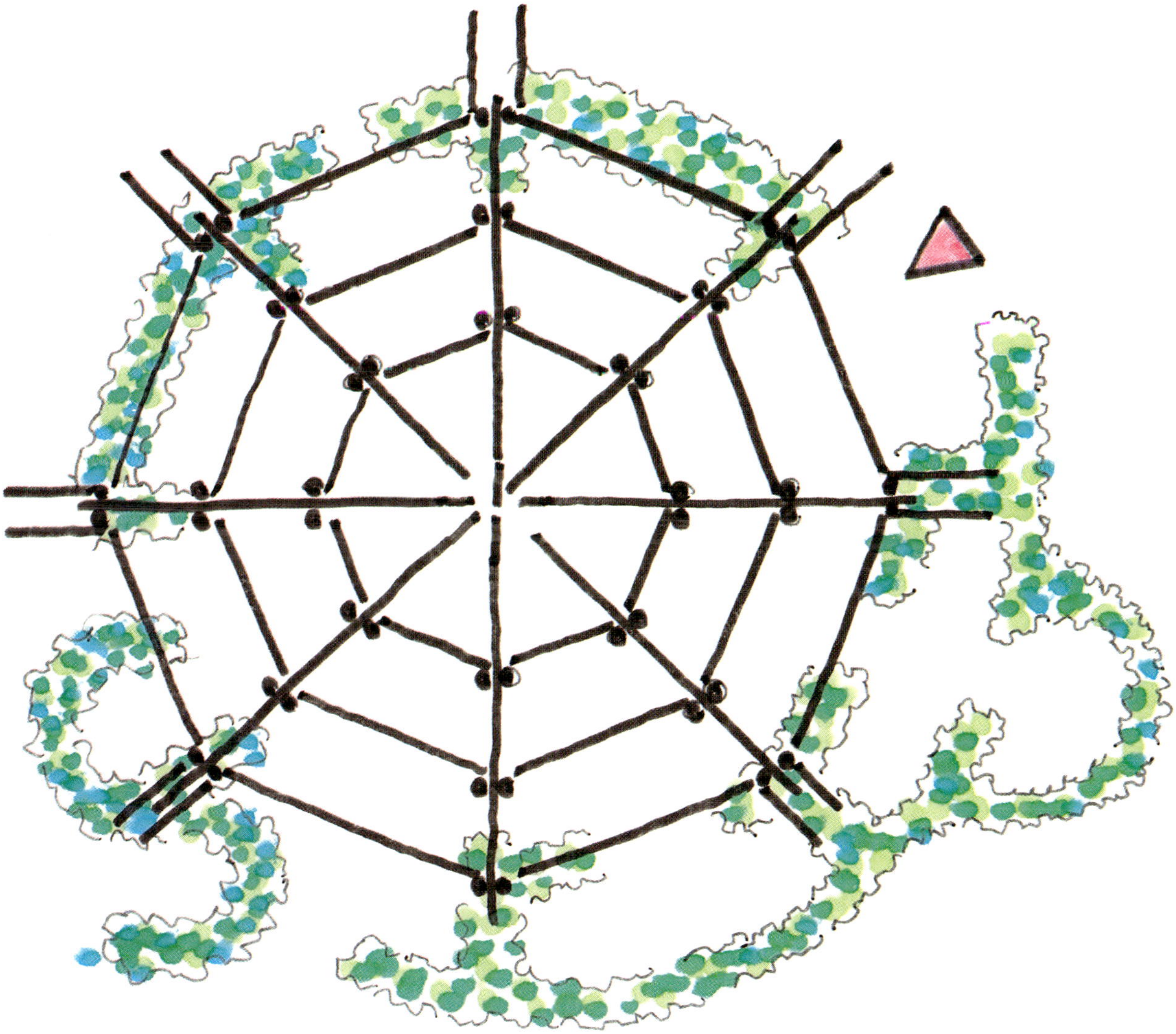

Aufsicht zeigt die acht Rundholzbinder, die Ebenen der Pflanztröge und den Grünpelz.

Die Pflanztröge sind rundum mit Substrat gefüllt, die Tropfbewässerung ist verlegt, eine Polykultur von mehr als 30 verschiedenen Pflanzen wird eingebettet.

Von der Naturwerkstatt zur Naturwerkstadt

Wenn mit solar produzierten Naturwerkstoffen in kreisläufigem Zusammenspiel *lebendige* Naturwerkzeuge entstehen und daraus schließlich evolutionär (besser: »provolutionär«) eine Vielfalt von lebendem Hauswerk miteinander wächst, entsteht die eßbare Naturwerkstadt – *»BIOPOLIS«*.

Unter und *in* dieser permanenten, fruchtenden Dauerkultur können Tiere und Menschen leben. Wege sind dann nicht mehr toter Asphalt, sondern produktiver Humus, aus dem immer wieder Neues entsteht.

Lebens-Kunst besteht dann aus produktivem Zusammenspiel von Sonne, Mond, Erde, Wasser und Menschen. Jeder Mensch lebt dann in seiner eßbaren Bio-Galerie. Nicht zerstörerische Technik ohne Bestand, sondern Natur im Wandel ist dann Wurzel von *neu-alter* Stadtkultur.

Viele, auch mehrgeschossige Naturwohnungen können sich als »Baumraum-Siedlung« zu größeren Natur-Werkstädten gruppieren. Das Baumstadt-Prinzip: Als Erstes werden nicht Bäume gefällt, sondern eine Misch- oder Gruppen-Kultur von immergrünen und sommergrünen Bäumen *gepflanzt*.

Darunter und darin »hausen« kleine Naturwohnmöbel, gruppiert um kleine Wasserläufe und Speicherseen, an »Lichtungen« offen zur Sonne, aber geschützt vor scharfen Winden. Immergrüne Dächer überspannen einzelne Baumraum-Wohnungen, halten als »Wärmeglocken« ein Reizklima, sammeln als »Biomeiler« Blattfall und reinigen Brauchwasser.

In vielfältig fruchtenden Unterkulturen wird Nahrung erzeugt, werden menschliche Reststoffe wieder in Rohstoffe verwandelt. Für extreme Schwankungen im Naturklima werden zur Zeit noch heizbare Thermokleidung, »Ofenschuhe« und ähnliches entwickelt. Kleinere, pflanzliche »Naturwerkstädte« («Edible City«) werden so, nach nun 20jähriger Vorarbeit, zum Anfassen und Probewohnen in den nächsten Jahren wachsen.

DOERNACH
79

Leben wie die Fische

Wie alles Lebendige so baut sich auch maritime Biotektur mit Luft und Wasser (Hydrotektur) selber. Während Landgesellschaften sich in Wirtschaftskriegen und Hochrüstung überschlagen, ist es nicht unmöglich, daß sich »Fischmenschen« entwickeln und aus Wasser und Luft, den billigsten Baustoffen, »maritimes Land« wachsen lassen.

Sonnenreiche, internationale Gewässer, wie beispielsweise das Mittelmeer, eignen sich für solche »biotektonischen« Inseln der »See-ligen«.

1. Hohlkörper-Schwimmkörper können an Bojen ins Wasser gebracht und dort mit Windenergie gedreht werden. Je nach Wasserwärme, Mineralgehalt und elektrischer Ladung besiedeln sich die Schwimmkörper wie Schiffsböden zuerst mit korallenartigen, mineralischen Krusten, später auch mit Kleintieren, Hohltieren, Krustentieren, eßbaren Muscheln ... der Artenreichtum wird stetig größer.

Maritim gewachsene Hohlkörper kann man als »schwimmenden Pflanzentopf« übergrünen. Bewohner solcher Inseln können das notwendige Süßwasser mit Taubrunnen gewinnen. »Maritime Biodome« – keiner gleich dem anderen – können zur Lagunenstadt zusammenschwimmen und sich am Meeresboden verankern. Unter einem maritimen Stadtdorf kann es Fischfarmen geben, die den Rohstoff-Reststoff-Kreislauf harmonisieren ...

2. Aus pflanzlichen oder tierischen Ölen können mit einem Luftanteil von bis zu 97 % schwimmfähige Bauteile geschäumt werden. Sie besiedeln sich als Schwimmkörper im Wasser unterseitig wie ein Schiffskörper und werden oberseitig auf Seetang-Substrat bepflanzt.

So wird ein Schwimmkörper *allseitig* bioproduktiv, beschafft Nahrung für alle Partner der »Arche Bio«, ist also im Vergleich zu Architektur *überlegen* produktiv.

Von solchen Vorstellungen rückt nach über zwanzigjähriger Pionierarbeit in den nächsten Jahren einiges in die Realität, zuerst als sich selbst zahlende Ausstellung. Später steht zu erwarten, daß maritime Städte tatsächlich wachsen: sturmsicher, energetisch autonom, ökologisch sauber, mit biologischen Kreisläufen zwischen Pflanze, Tier und Mensch, den Landstädten ebenso überlegen wie der Delphin dem Menschen, mit fertigen Wasserstraßen, regenerabel.

3. Eine weitere Möglichkeit für maritime Inseln

ist die Nutzung von Sonnenenergie nach dem Kühlschrankprinzip: Unter Einbezug des Wärmedifferentials zwischen Oberflächen- und Tiefenwasser werden gefrorene Tragstrukturen (»Eisberge«) erzeugt. Diese werden zur Minderung von ständiger Energiezufuhr wie eine Kühltruhe gut isoliert. Diese Strukturen lassen sich auch begrünen.

Insel der »Seeligen«. Eine »Arche Bio« als Wanderausstellung für Naturschutz durch Selbstversorgung. Ein Rundholzfloß trägt Lauben und Tonschalen. Die »Arche Bio« soll als selbstfinanzierendes Projekt Bodensee, Rhein und Donau befahren und ihre Besucher und Probewohner musisch auf die Gefühlswelten von Pflanzen einstimmen.

Bei gut gepflegten Energie-Rohstoff-Reststoff-Kreisläufen übernehmen die Wurzelstrukturen der Pflanzen letztlich auch die Trag- und Schwimmfunktionen. Die anfängliche Energiestruktur – der Eisberg als verlorene Form – wird dann ganz oder teilweise überflüssig.

Nach gut 20 Jahren Vorforschung sind die drei genannten Verfahren und einige mehr reif für die Erprobung von kleinen Prototypen.

Wie nicht anders zu erwarten, wird wahrscheinlich eine fernöstliche Industrienation mit der kommerziellen Auswertung auf dem Mittelmeer beginnen und damit später der Betonburg-Touristik böse Einbußen verpassen.

In jedem Fall werden auch im Meer »geerntete« Bauteile an Land verwendbar sein, denn die maritimen Herstellungsverfahren sind biologisch automatisierbar, stellen also *kostenlose* Herstellungsverfahren dar.

Zur Zeit werden auch maritim hergestellte, schwimmende Austernkulturen erprobt, ebenso die ökologische Sanierung von Flüssen mit »gewachsenen« Uferbiotopen. (Marine resources, Dr. Wolf Hilbertz, Galveston, Texas.)

Ein Projekt beschäftigt sich sogar mit der Sanierung von Venedig gegen jährliche Überschwemmungen durch aus dem Wasser gewachsene Bio-Wehre.

»Marina«: Die maritime Naturwerkstatt wächst als »Wasserwerk« auf kostenlosem Baugrund, mit kostenloser Sonnenenergie. In internationalen Gewässern bestimmt persönliche Courage die Baugesetze.

Beispiel für ein Herstellungsverfahren: Netze an Bojen werden mit Hilfe von Solarenergie und Windenergie aus dem Meer zuerst mineralisch bekrustet. Derzeitige »maricrete-Verfahren« bringen etwa 1 mm Wachstum pro Monat. Danach siedeln am Schwimmkörper auch viele verschiedene maritime Hohltiere und bauen, wie an einem Schiffsboden, Lage über Lage. Wie an einem Korallenriff vermehrt sich dadurch auch die Artenvielfalt der Fische um »Marina« herum.

Modell einer selbstwachsenden maritimen Siedlung in der Bucht von Venedig. Solche Strukturen werden in der zweiten Phase mit Reststoffen der Benutzer übergrünt und werden dadurch auch teilweise autonom. (Entwicklung: »Arche Bio«, Naturwerkstatt)